ためせ実力！ めざせ1級！

数学検定1級
実践演習

財団法人 日本数学検定協会 監修
中村 力 著

森北出版株式会社

●本書のサポート情報をホームページに掲載する場合があります．下記のアドレスにアクセスし，ご確認ください．

http://www.morikita.co.jp/support/

●本書の内容に関するご質問は，森北出版 出版部「(書名を明記)」係宛に書面にて，もしくは下記の e-mail アドレスまでお願いします．なお，電話でのご質問には応じかねますので，あらかじめご了承ください．

editor@morikita.co.jp

●本書により得られた情報の使用から生じるいかなる損害についても，当社および本書の著者は責任を負わないものとします．

■本書に記載している製品名，商標および登録商標は，各権利者に帰属します．

■本書を無断で複写複製（電子化を含む）することは，著作権法上での例外を除き，禁じられています．複写される場合は，そのつど事前に (社)出版者著作権管理機構（電話 03-3513-6969, FAX 03-3513-6979, e-mail：info@jcopy.or.jp) の許諾を得てください．また本書を代行業者等の第三者に依頼してスキャンやデジタル化することは，たとえ個人や家庭内での利用であっても一切認められておりません．

はじめに

「数学検定」は，数学のあらゆる分野の技能を客観的に測る，全国レベルの検定である．数学の到達度の確認や学びの目標として，大変便利なシステムといえる．

最近では，「おとなの数学ブーム」を耳にする．テレビの報道やビジネス系雑誌の特集がさかんで，書店でもこの種の数学書が並んだ特設コーナーが目を引くようになった．

このブームの背景には何があるのだろうか．

中学，高校を卒業して数学とは縁遠くなっている人も多いだろうが，おとなになってもいろいろな場面で数学や数学的思考を使う機会はかなり多い．たとえば，物を買うときはおつりや消費税の計算をし，携帯電話を買うときは機種や料金プランを決めるために，費用の合計額などを考えてみる．また，株式など投資におけるリスク分析や意思決定に数学を利用している人もいるだろう．つまり，日常生活や仕事を行ううえで数学（数的な処理）や数学的思考は欠かせない．

このようなことから，「おとなの数学ブーム」には，数学を学び直すことで仕事に役立てよう，また役立つものが得られるだろうといった期待感や実利的な目的があるように考えられる．また，数学が得意な学生や社会人といった数学の愛好家も，今回のブームを支えているのかもしれない．

それから，数学の問題には正解が必ず1つある．正解が得られたときの快感は正解に至るまでの道が険しいほど大きいのはいうまでもない．あたかも難度の高い登山への成功体験のようだ．正解に至る道はいろいろある．苦労を重ねて正解に至った問題に思いがけない近道があることもあるだろう．この近道を探すことも数学の問題を解く楽しみである．そして苦労して正解に至ったときは自信にもつながり，生活や仕事の面でもプラスの効果が少なからずあるだろう．

その一方で，そのようにして学んだ数学の力を試す機会というのは，意外と得にくいものではないだろうか．そこでぜひ，この「数学検定」を活用していただきたいと思う．

財団法人日本数学検定協会（以下，日本数学検定協会）は，実用数学技能検定（以下「数学検定」）を通して，世界中の人々の生涯にわたる数学への興味喚起と数学力の向上に貢献することをミッションとして掲げている．

日本数学検定協会が実施する「数学検定」1級は大学程度という最高峰の検定階級レベルである．つまり，「数学検定」1級に合格することは，最高峰の数学力のレベル

に達したとお墨付きをもらったようなものである．

　本書の特徴は，過去に出題された「数学検定」1級の中から問題を選び，「数学検定」1級の実践演習書として，難易度ごとに3つのレベル（ウォーミングアップレベル→実践力養成レベル→総仕上げレベル）に分類して，1問1問に非常に丁寧な解答・解説を加えたことである．解答・解説を読むだけでなく，実際に手を動かして計算し，正解と一致するよう確実に力をつけていただきたい．「参考」や「別解」も多数示し，その問題だけにとどまらない深い理解につながるようにも配慮してある．さらに，各レベルの最後には練習問題を加えたので，なるべく解答をみないで独力で解いていただければと思う．

　また，「数学検定」1級の1次検定・2次検定の模擬問題を1回分載せた．実際の「数学検定」1級の問題形式と同じであり，時間を計って行うなど本番に臨む気持ちでトライしていただきたい．そして，最後に「数学検定」1級の学習・合格のための参考書リストを掲げた．学習を進めていく際の参考になれば幸いである．

　本書の目的は，「数学検定」1級レベルの実力を養成していただくこと，また，すでに「数学検定」1級に合格している方や生涯にわたり数学とつきあっていきたい数学愛好者の方にも，「数学検定」1級レベルの問題の手ごたえや奥の深さを堪能していただくことにある．

　本書を執筆するにあたって，同じ日本数学検定協会に勤務する稲葉大樹博士，水原柳一郎博士に，演習問題や練習問題の解法にあたって貴重なコメントを頂いた．また，当協会理事の渡邉信先生にも，著者の拙い原稿に目を通して適切なアドバイスを頂いた．この場を借りて謝意を表したい．

　本書に掲げた問題の解答・解説は，著者の浅学による独り善がりな箇所も多いと思う．あくまで1つの解答例として参考にしていただきたい．また，読者の方からこんな解法はどうだろうかといったアドバイスを頂ければ，嬉しい限りである．

2012年1月

　　　　　　　　　　　　　　　　　　　　　　　　　　　　　　　　著　　者

「数学検定」1級合格への効果的な勉強法

1. 前提条件

「数学検定」1級に合格するには高校数学を確実にマスターしていること，すなわち「数学検定」では準1級のレベルに達していることが前提になる．

2. 1次検定（計算技能）対策

1次検定は解答だけの記述でよいが，時間との戦いである．難解な問題も含む7問を60分で，70％程度以上の正解率でなければ1次検定は合格できない．1問程度はあきらめるとしても，1問あたり10分程度で解かなければならない．常日頃，時間を計りながら高速に正解に導く計算力の鍛錬が必要になる．

本書のウォーミングアップ，実践力養成レベルの問題は確実に正解できるようにしてほしい．このレベルが1問10分程度で解けるようなら，1次検定の合格は現実的だろう．演習問題は最初理解できなければ解説を読んでもかまわないが，その後独力で正解を導けるようにしてほしい．練習問題はできれば最初から解答を見ないで，1問10分程度で解けるように何度も繰り返し練習してほしい．総仕上げレベルはかなり難解な問題揃いであり，2次検定で出題されるケースもありうるが，これもできる限り速く正確に解けるように挑んでほしい．

3. 2次検定（数理技能）対策

2次検定は，解答だけでなく解答プロセスの記述がポイントである．5問の中から2問を選択し，さらに必須問題の2問を含む計4問を120分で，60％程度以上の正解率でなければ合格できない．

1次検定のような時間勝負ではなく，1問あたり30分程度は時間があてられる．しかし，選択するのに時間がかかったら解答時間も減ってくるので，どの問題を解答できるかを素早く見極める必要がある．見極めたあとは，次のような解答用紙への解答創作がさらに大切になってくる．すなわち，正解への計算のプロセスを要領よく記述することはもちろん，仮に正解へ導けなくても採点者から部分点を引き出すテクニックも必要だろう．解答用紙のスペースを考慮に入れながら，書く文字や数字は採点者に読みやすく，また，わかりやすい図表も必要に応じて盛り込むなどの工夫も大切である．

実践力養成レベルはもちろん，総仕上げレベルの問題を1問あたり30分程度で確実に解けるのが合格圏内だろう．正解に至る解法過程を要領よく，わかりやすい記述ができるように練習を繰り返し行うことが重要である．

4. 数学検定直前

　数学検定の受検日が近づいてきたら，本書の模擬検定問題や「数学検定」1級の最新の問題を研究するのも大切である．

　1次検定，2次検定対策を十分行って自信をもち，前日は睡眠時間を十分とるなど体調管理をしっかり行って，「数学検定」受検本番へ臨んでほしい．

※　本書の演習問題および練習問題は，基本的に過去問題そのものを掲載しています．

目　次

はじめに　　　　　　　　　　　　　　　　　　　　　　　　　　　　　　　　i
「数学検定」1級合格への効果的な勉強法　　　　　　　　　　　　　　　　iii

第1章　ウォーミングアップレベル　　　　　　　　　　　　　　　　　1
演習と解答・解説 ·· 1
練習問題 ··· 19

第2章　実践力養成レベル　　　　　　　　　　　　　　　　　　　　21
演習と解答・解説 ·· 21
練習問題 ··· 47

第3章　総仕上げレベル　　　　　　　　　　　　　　　　　　　　　49
演習と解答・解説 ·· 49
練習問題 ··· 91

実用数学技能検定1級　模擬検定問題　　　　　　　　　　　　　　95
1次：計算技能検定 ·· 96
2次：数理技能検定 ·· 99

練習問題解答・解説　　　　　　　　　　　　　　　　　　　　　　102
第1章　ウォーミングアップレベル ······································ 102
第2章　実践力養成レベル ··· 112
第3章　総仕上げレベル ··· 123

実用数学技能検定1級　模擬検定問題解答・解説　　　　　　　　148
1次：計算技能検定 ·· 148
2次：数理技能検定 ·· 155

「数学検定」1級の概要　　　　　　　　　　　　　　　　　　　　　　164
「数学検定」1級　学習・合格のための参考書リスト　　　　　　　　　166

Chapter 1 ウォーミングアップレベル

演習1 $x^4 + 2x^3 + x + 2$ を実係数の多項式に因数分解しなさい．

解 答 $(x+1)(x+2)(x^2 - x + 1)$

◈**解 説**

因数定理で解けるかをまず考える．
$$f(x) = x^4 + 2x^3 + x + 2$$
とおくと，$f(-1) = 0$ なので，$f(x)$ は因数 $x+1$ をもつことがわかる．
$$x^4 + 2x^3 + x + 2 = (x+1)(x^3 + x^2 - x + 2) \quad \cdots(1)$$

さらに，$x^3 + x^2 - x + 2$ に因数定理を適用させて因数 $x+2$ をもつことがわかるので，
$$x^3 + x^2 - x + 2 = (x+2)(x^2 - x + 1) \quad \cdots(2)$$
となる．したがって，
$$x^4 + 2x^3 + x + 2 = (x+1)(x+2)(x^2 - x + 1)$$
となる．

◇**参 考（因数の求め方）**

本問では，因数 $x+1$ と因数 $x+2$ をもつことがわかったが，因数の求め方として，以下のように考える．

もし，$f(x) = x^4 + 2x^3 + x + 2$ が因数 $x - \alpha$ をもつならば，$x - \alpha$ で割り切れるので，
$$f(x) = x^4 + 2x^3 + x + 2 = (x - \alpha)(x^3 + px^2 + qx + r)$$
となる．展開すると $f(x)$ の定数項は $-\alpha r$ なので，$-\alpha r = 2$，$\alpha r = -2$ が得られる．これから，α は2の約数であると考えられるので，$\alpha = \pm 1, \pm 2$ が因数の候補になる．

一般に，整式 $P(x) = a_n x^n + a_{n-1} x^{n-1} + \cdots + a_0$ の因数 $x - \alpha$ のみつけ方は，

- $\alpha =$ 定数項 $|a_0|$ の約数 　　　　($a_n = 1$ の場合)

第1章 ウォーミングアップレベル

- $\alpha = \dfrac{\text{定数項 } |a_0| \text{ の約数}}{\text{最高次数の係数 } |a_n| \text{ の約数}}$ （$a_n \neq 1$ の場合）

である．また，式 (1) と式 (2) の算出は，整式の除法と組立除法のどちらでもよい．参考までに，式 (1)，(2) ともに組立除法で求めてみる．

(1)
$$\begin{array}{c|ccccc}
-1 & 1 & 2 & 0 & 1 & 2 \\
 & & -1 & -1 & 1 & -2 \\
\hline
 & 1 & 1 & -1 & 2 & 0
\end{array}$$

(2)
$$\begin{array}{c|cccc}
-2 & 1 & 1 & -1 & 2 \\
 & & -2 & 2 & -2 \\
\hline
 & 1 & -1 & 1 & 0
\end{array}$$

別解

3次以上の因数分解では，つい因数定理の適用を考えがちだが，本問のように，以下の方法で非常に簡単に解けてしまう場合もある．

$$x^4 + 2x^3 + x + 2 = x^4 + x + 2x^3 + 2 = x(x^3+1) + 2(x^3+1)$$
$$= (x+2)(x^3+1) = (x+2)(x+1)(x^2-x+1)$$

演習 2 次の式を簡単にしなさい．

$$\sqrt[3]{10 + 6\sqrt{3}}$$

解答 $1 + \sqrt{3}$

解説

$\sqrt[3]{10 + 6\sqrt{3}} = a + b\sqrt{3}$（$a$, b は有理数）とおいて，両辺を3乗して，

$$10 + 6\sqrt{3} = (a^3 + 9ab^2) + (3a^2b + 3b^3)\sqrt{3}$$

となるから，

$$a^3 + 9ab^2 = 10 \qquad \cdots (1)$$
$$3a^2b + 3b^3 = 6 \qquad \cdots (2)$$

が成り立つ．式 (2) から，

$$a^2 b + b^3 = 2 \qquad \cdots (2)'$$

第1章　ウォーミングアップレベル

となり，式 (1) と式 (2)′ の左辺と右辺どうしを割って，

$$\frac{a^3+9ab^2}{a^2b+b^3}=\frac{10}{2}=5$$

$$\frac{\left(\frac{a}{b}\right)^3+9\left(\frac{a}{b}\right)}{\left(\frac{a}{b}\right)^2+1}=5 \qquad \cdots(3)$$

となる．$\frac{a}{b}=X$ とおけば，式 (3) は，

$$X^3-5X^2+9X-5=0$$
$$(X-1)(X^2-4X+5)=0$$

となるから，$X\left(=\frac{a}{b}\right)$ は有理数より，$X^2-4X+5\neq 0$，すなわち，$X=\frac{a}{b}=1$

$a=b$ を式 (2)′ に代入して，$a=b=1$，すなわち，$\sqrt[3]{10+6\sqrt{3}}=1+\sqrt{3}$ である．

◇ 参　考（無理数の相等関係）

$a,\ b,\ c,\ d$ が有理数で，$\sqrt{x}$ が無理数のとき，

- $a+b\sqrt{x}=0 \ \Leftrightarrow \ a=b=0$
- $a+b\sqrt{x}=c+d\sqrt{x} \ \Leftrightarrow \ a=c,\ b=d$

が成り立つ．

演習3　$\dfrac{(4+\sqrt{15})^{\frac{5}{2}}+(4-\sqrt{15})^{\frac{5}{2}}}{(6+\sqrt{35})^{\frac{5}{2}}-(6-\sqrt{35})^{\frac{5}{2}}}$ を簡単にしなさい．

解　答　$\dfrac{11}{31}$

解　説

$4\pm\sqrt{15}=\dfrac{8\pm 2\sqrt{15}}{2}=\dfrac{(\sqrt{5}\pm\sqrt{3})^2}{2}$ から，$\sqrt{4\pm\sqrt{15}}=\dfrac{\sqrt{5}\pm\sqrt{3}}{\sqrt{2}}$ となる．

同様に，$\sqrt{6\pm\sqrt{35}}=\dfrac{\sqrt{7}\pm\sqrt{5}}{\sqrt{2}}$ となる．よって，

$$\frac{(4+\sqrt{15})^{\frac{5}{2}}+(4-\sqrt{15})^{\frac{5}{2}}}{(6+\sqrt{35})^{\frac{5}{2}}-(6-\sqrt{35})^{\frac{5}{2}}}=\frac{(\sqrt{5}+\sqrt{3})^5+(\sqrt{5}-\sqrt{3})^5}{(\sqrt{7}+\sqrt{5})^5-(\sqrt{7}-\sqrt{5})^5} \qquad \cdots(1)$$

第1章 ウォーミングアップレベル

となる．
ところで，
$$(\sqrt{5}+\sqrt{3})^5 = (\sqrt{5}+\sqrt{3})^2(\sqrt{5}+\sqrt{3})^3$$
$$= (8+2\sqrt{15})(14\sqrt{5}+18\sqrt{3})$$
$$= 284\sqrt{3}+220\sqrt{5}$$

であり，同様に，
$$(\sqrt{5}-\sqrt{3})^5 = -284\sqrt{3}+220\sqrt{5}$$

であるから，結局，式 (1) の分子は，$(\sqrt{5}+\sqrt{3})^5 + (\sqrt{5}-\sqrt{3})^5 = 440\sqrt{5}$ となる．

一方，$(\sqrt{7}+\sqrt{5})^5 = 620\sqrt{5}+524\sqrt{7}$，$(\sqrt{7}-\sqrt{5})^5 = -620\sqrt{5}+524\sqrt{7}$ から，式 (1) の分母は，$(\sqrt{7}+\sqrt{5})^5 - (\sqrt{7}-\sqrt{5})^5 = 1240\sqrt{5}$ となる．

したがって，$\dfrac{(4+\sqrt{15})^{\frac{5}{2}}+(4-\sqrt{15})^{\frac{5}{2}}}{(6+\sqrt{35})^{\frac{5}{2}}-(6-\sqrt{35})^{\frac{5}{2}}} = \dfrac{440\sqrt{5}}{1240\sqrt{5}} = \dfrac{11}{31}$ である．

◇**参　考（別解）**

式 (1) までは同じで，分子の $(\sqrt{5}+\sqrt{3})^5 + (\sqrt{5}-\sqrt{3})^5$ の計算で，
$$a^5 + b^5 = (a+b)(a^4 - a^3b + a^2b^2 - ab^3 + b^4)$$
$$= (a+b)\{(a^2+b^2)^2 - a^2b^2 - ab(a^2+b^2)\}$$

の関係を使う．

$a = \sqrt{5}+\sqrt{3}$，$b = \sqrt{5}-\sqrt{3}$ から，$a+b = 2\sqrt{5}$，$ab = 2$，$a^2+b^2 = (a+b)^2 - 2ab = 20 - 4 = 16$ となるから，
$$(\sqrt{5}+\sqrt{3})^5 + (\sqrt{5}-\sqrt{3})^5 = 2\sqrt{5}(16^2 - 2^2 - 2\cdot 16) = 440\sqrt{5}$$

となる．

また，分母の $(\sqrt{7}+\sqrt{5})^5 - (\sqrt{7}-\sqrt{5})^5$ の計算で，
$$a^5 - b^5 = (a-b)(a^4 + a^3b + a^2b^2 + ab^3 + b^4)$$
$$= (a-b)\{(a^2+b^2)^2 - a^2b^2 + ab(a^2+b^2)\}$$

の関係を使う．

$a = \sqrt{7}+\sqrt{5}$，$b = \sqrt{7}-\sqrt{5}$ から，$a+b = 2\sqrt{7}$，$a-b = 2\sqrt{5}$，$ab = 2$，$a^2+b^2 = (a+b)^2 - 2ab = 24$ となるから，
$$(\sqrt{7}+\sqrt{5})^5 - (\sqrt{7}-\sqrt{5})^5 = 2\sqrt{5}(24^2 - 2^2 + 2\cdot 24) = 1240\sqrt{5}$$

となる．

第1章 ウォーミングアップレベル

すなわち，$\dfrac{(4+\sqrt{15})^{\frac{5}{2}}+(4-\sqrt{15})^{\frac{5}{2}}}{(6+\sqrt{35})^{\frac{5}{2}}-(6-\sqrt{35})^{\frac{5}{2}}}=\dfrac{440\sqrt{5}}{1240\sqrt{5}}=\dfrac{11}{31}$ となって，結果は一致する．

演習4 x の3次方程式 $x^3+2x^2+4x+7=0$ の3つの複素数解を α, β, γ とするとき，$\alpha^4+\beta^4+\gamma^4$ の値を求めなさい．

解答 40

解説

α は，3次方程式 $x^3+2x^2+4x+7=0$ の解であることから，

$$\alpha^3+2\alpha^2+4\alpha+7=0$$
$$\alpha^3=-2\alpha^2-4\alpha-7$$

となる．同様に，$\beta^3=-2\beta^2-4\beta-7$, $\gamma^3=-2\gamma^2-4\gamma-7$ となる．

ここで，$\alpha^4=\alpha\cdot\alpha^3=\alpha(-2\alpha^2-4\alpha-7)=-2\alpha^3-4\alpha^2-7\alpha$
$=-2(-2\alpha^2-4\alpha-7)-4\alpha^2-7\alpha=\alpha+14$

となり，同様に，$\beta^4=\beta+14$, $\gamma^4=\gamma+14$ となるから，

$$\alpha^4+\beta^4+\gamma^4=\alpha+\beta+\gamma+42$$

となる．3次方程式の解と係数の関係から，

$$\alpha+\beta+\gamma=-2$$

であるから，$\alpha^4+\beta^4+\gamma^4=40$ が得られる．

別解

$$\alpha^3+2\alpha^2+4\alpha+7=0 \qquad \cdots(1)$$
$$\beta^3+2\beta^2+4\beta+7=0 \qquad \cdots(2)$$
$$\gamma^3+2\gamma^2+4\gamma+7=0 \qquad \cdots(3)$$

式 $(1)\times\alpha+$ 式 $(2)\times\beta+$ 式 $(3)\times\gamma$ を計算して，

$$(\alpha^4+\beta^4+\gamma^4)+2(\alpha^3+\beta^3+\gamma^3)+4(\alpha^2+\beta^2+\gamma^2)+7(\alpha+\beta+\gamma)=0 \quad \cdots(4)$$

が得られる．

第1章 ウォーミングアップレベル

$\alpha + \beta + \gamma = -2$, $\alpha\beta + \beta\gamma + \gamma\alpha = 4$, $\alpha\beta\gamma = -7$ から,

$$\alpha^2 + \beta^2 + \gamma^2 = (\alpha+\beta+\gamma)^2 - 2(\alpha\beta+\beta\gamma+\gamma\alpha) = 4 - 2\cdot 4 = -4$$

$$\begin{aligned}\alpha^3 + \beta^3 + \gamma^3 &= (\alpha+\beta+\gamma)(\alpha^2+\beta^2+\gamma^2-\alpha\beta-\beta\gamma-\gamma\alpha) + 3\alpha\beta\gamma \\ &= (-2)(-4-4) + 3\cdot(-7) \\ &= -5\end{aligned}$$

となり,式 (4) から

$$\alpha^4 + \beta^4 + \gamma^4 + 2(-5) + 4(-4) + 7(-2) = 0$$

である.すなわち,$\alpha^4 + \beta^4 + \gamma^4 = 40$ となる.

◇ 参 考 (解と係数の関係)

a_i $(i = 0, 1, 2, \ldots, n)$ が実数または複素数で,$a_0 \neq 0$ のとき,

$$f(x) = a_0 x^n + a_1 x^{n-1} + a_2 x^{n-2} + \cdots + a_{n-1} x + a_n = 0$$

の n 個の根を $\alpha_1, \alpha_2, \ldots, \alpha_n$ とすれば,

$$\begin{cases} \bullet\ \alpha_1 + \alpha_2 + \cdots + \alpha_n = -\dfrac{a_1}{a_0} \\ \bullet\ \alpha_1\alpha_2 + \alpha_1\alpha_3 + \cdots + \alpha_{n-1}\alpha_n = \dfrac{a_2}{a_0} \\ \bullet\ \alpha_1\alpha_2\alpha_3 + \cdots + \alpha_{n-2}\alpha_{n-1}\alpha_n = -\dfrac{a_3}{a_0} \\ \qquad\qquad\vdots \\ \bullet\ \alpha_1\alpha_2\cdots\alpha_{n-1}\alpha_n = (-1)^n \dfrac{a_n}{a_0} \end{cases}$$

である.

ちなみに,2次方程式から4次方程式までの解と係数の関係を示すと,次のようになる.

◎ 2次方程式 $a_0 x^2 + a_1 x + a_2 = 0$ $(a_0 \neq 0)$ の2つの解を α, β として,

$$\alpha + \beta = -\frac{a_1}{a_0}, \quad \alpha\beta = \frac{a_2}{a_0}$$

◎ 3次方程式 $a_0 x^3 + a_1 x^2 + a_2 x + a_3 = 0$ $(a_0 \neq 0)$ の3つの解を α, β, γ として,

$$\alpha + \beta + \gamma = -\frac{a_1}{a_0}, \quad \alpha\beta + \beta\gamma + \lambda\alpha = \frac{a_2}{a_0}, \quad \alpha\beta\gamma = -\frac{a_3}{a_0}$$

◎ 4次方程式 $a_0 x^4 + a_1 x^3 + a_2 x^2 + a_3 x + a_4 = 0$ $(a_0 \neq 0)$ の4つの解を x_1, x_2, x_3, x_4 として,

$$x_1 + x_2 + x_3 + x_4 = -\frac{a_1}{a_0}$$

第1章 ウォーミングアップレベル

$$x_1x_2 + x_1x_3 + x_1x_4 + x_2x_3 + x_2x_4 + x_3x_4 = \frac{a_2}{a_0}$$

$$x_1x_2x_3 + x_1x_2x_4 + x_1x_3x_4 + x_2x_3x_4 = -\frac{a_3}{a_0}$$

$$x_1x_2x_3x_4 = \frac{a_4}{a_0}$$

演習5 1から12までの数字を1つずつ書いた12枚のカードがあります。この12枚の中から数字を見ないで3枚抜き取ったとき、その3枚が等差数列になる確率を求めなさい。

解 答 $\dfrac{3}{22}$

解 説

12枚の中から3枚抜き取る場合の数は、${}_{12}C_3 = 220$ 通りである。

抜き取った3枚が等差数列になるのは何通りか、初項と公差の値で場合分けする。たとえば、初項が1で公差が5の場合、3枚のカードは1, 6, 11となって、1から12の数字の範囲内なので適切である。

結果を一覧にまとめると、表1.1のようになる。

よって、計30通りなので、求める確率は、

$$\frac{30}{220} = \frac{3}{22}$$

となる。

表1.1 3枚のカードの数字の結果

初項	公差	場合の総数
1	1, 2, 3, 4, 5	5通り
2	1, 2, 3, 4, 5	5通り
3	1, 2, 3, 4	4通り
4	1, 2, 3, 4	4通り
5	1, 2, 3	3通り
6	1, 2, 3	3通り
7	1, 2	2通り
8	1, 2	2通り
9	1	1通り
10	1	1通り

第1章 ウォーミングアップレベル

演習6 下の連立方程式の実数解のうち，$x > y > z$ を満たす一組の解を求めなさい．
$$\begin{cases} x + y + z = 6 \\ x^3 + y^3 + z^3 = 36 \\ xyz = 6 \end{cases}$$

解答 $x = 3, \quad y = 2, \quad z = 1$

❖解説

3次方程式の解と係数の関係に注目する．
$$x^3 + y^3 + z^3 - 3xyz = (x+y+z)(x^2+y^2+z^2-xy-yz-zx)$$
$$= (x+y+z)\{(x+y+z)^2 - 3(xy+yz+zx)\}$$

から，$xy + yz + zx = X$ とおいて，
$$36 - 3 \times 6 = 6 \times (6^2 - 3X)$$
$$18 = 216 - 18X$$

から，$X = 11$ となる．したがって，
$$\begin{cases} x + y + z = 6 \\ xy + yz + zx = 11 \\ xyz = 6 \end{cases}$$

が得られる．

3次方程式の解と係数の関係から，x, y, z は，3次方程式 $t^3 - 6t^2 + 11t - 6 = 0$ を満たす．すなわち，
$$(t-1)(t-2)(t-3) = 0$$

から，x, y, z は 1, 2, 3 のいずれかで，$x > y > z$ から，$x = 3, y = 2, z = 1$ となる．

第1章 ウォーミングアップレベル

演習7 次の行列式を計算しなさい.

$$\begin{vmatrix} 1 & 1 & 1 & 1 & 1 \\ 1 & 2 & 3 & 4 & 5 \\ 1 & 3 & 6 & 10 & 15 \\ 1 & 4 & 10 & 20 & 35 \\ 1 & 5 & 15 & 35 & 70 \end{vmatrix}$$

解答 1

解説

行列式の基本的性質をきちんと押さえながら計算する.

$$\begin{vmatrix} 1 & 1 & 1 & 1 & 1 \\ 1 & 2 & 3 & 4 & 5 \\ 1 & 3 & 6 & 10 & 15 \\ 1 & 4 & 10 & 20 & 35 \\ 1 & 5 & 15 & 35 & 70 \end{vmatrix}$$

第1行の (-1) 倍を第2行から第5行の各行へ加える.

$$= \begin{vmatrix} 1 & 1 & 1 & 1 & 1 \\ 0 & 1 & 2 & 3 & 4 \\ 0 & 2 & 5 & 9 & 14 \\ 0 & 3 & 9 & 19 & 34 \\ 0 & 4 & 14 & 34 & 69 \end{vmatrix}$$

$$= \begin{vmatrix} 1 & 2 & 3 & 4 \\ 2 & 5 & 9 & 14 \\ 3 & 9 & 19 & 34 \\ 4 & 14 & 34 & 69 \end{vmatrix}$$

・第1行の (-2) 倍を第2行へ加える.
・第1行の (-3) 倍を第3行へ加える.
・第1行の (-4) 倍を第4行へ加える.

$$= \begin{vmatrix} 1 & 2 & 3 & 4 \\ 0 & 1 & 3 & 6 \\ 0 & 3 & 10 & 22 \\ 0 & 6 & 22 & 53 \end{vmatrix}$$

$$= \begin{vmatrix} 1 & 3 & 6 \\ 3 & 10 & 22 \\ 6 & 22 & 53 \end{vmatrix} = \begin{vmatrix} 1 & 3 & 6 \\ 0 & 1 & 4 \\ 0 & 4 & 17 \end{vmatrix} = \begin{vmatrix} 1 & 4 \\ 4 & 17 \end{vmatrix} = 1 \times 17 - 4 \times 4 = 1$$

・第1行の (-3) 倍を第2行へ加える.
・第1行の (-6) 倍を第3行へ加える.

第1章 ウォーミングアップレベル

演習8 $f(x)$ を n 次の整式とし,$f^{(0)}(x) = f(x)$,$k = 1, 2, \ldots$ に対し $f^{(k)}(x)$ は $f(x)$ の k 次の導関数とするとき,不定積分 $\displaystyle\int e^x f(x)\,dx$ を $f^{(0)}(x)$,$f^{(1)}(x), \ldots, f^{(n)}(x)$ を用いて表しなさい.

解 答 $\displaystyle e^x \sum_{k=0}^{n} (-1)^k f^{(k)}(x)$

◇ 解 説

部分積分 $\displaystyle\int u'v\,dx = uv - \int uv'\,dx$ を使い,$f^{(0)}(x) = f(x)$,また,$f^{(k)}(x) = 0$ ($k = n+1, n+2, \ldots$) に注意して計算を進める.

$$\int e^x f(x)\,dx = \int (e^x)' f^{(0)}(x)\,dx = e^x f^{(0)}(x) - \int e^x f^{(1)}(x)\,dx$$

$$= e^x f^{(0)}(x) - \left\{ e^x f^{(1)}(x) - \int e^x f^{(2)}(x)\,dx \right\}$$

$$= e^x f^{(0)}(x) - e^x f^{(1)}(x) + \int e^x f^{(2)}(x)\,dx$$

$$= e^x f^{(0)}(x) - e^x f^{(1)}(x) + e^x f^{(2)}(x) - e^x f^{(3)}(x)$$

$$\quad + \cdots + (-1)^n \int e^x f^{(n)}(x)\,dx$$

$$= e^x \left\{ f^{(0)}(x) - f^{(1)}(x) + f^{(2)}(x) - f^{(3)}(x) + \cdots + (-1)^n f^{(n)}(x) \right\}$$

$$= e^x \sum_{k=0}^{n} (-1)^k f^{(k)}(x)$$

演習9 次の整式を因数分解しなさい.

$$xy(x^2 - y^2) + yz(y^2 - z^2) + zx(z^2 - x^2)$$

解 答 $-(x-y)(y-z)(z-x)(x+y+z)$

◇ 解 説

与式を展開して x の降べきの順に整理する.

第1章 ウォーミングアップレベル

$$x^3y - xy^3 + y^3z - yz^3 + z^3x - zx^3$$
$$= (y-z)x^3 - (y^3 - z^3)x + yz(y^2 - z^2)$$
$$= (y-z)\{x^3 - (y^2 + yz + z^2)x + yz(y+z)\}$$

$x^3 - (y^2 + yz + z^2)x + yz(y+z) = f(x)$ とおく．**演習1**の【参考】から，$\underline{yz(y+z)}$ の約数を考えて，$f(x)$ は $x-y$，$x-z$，$x-(y+z)$ の因数をもつ可能性がある．実際，$f(z) = 0$ なので，$x-z$ の因数をもつ．よって，

$$f(x) = x^3 - (y^2 + yz + z^2)x + yz(y+z)$$
$$= (x-z)\{x^2 + zx - y(y+z)\}$$
$$= (x-z)(x-y)(x+y+z)$$

となり，したがって，

$$xy(x^2 - y^2) + yz(y^2 - z^2) + zx(z^2 - x^2)$$
$$= (y-z)(x-z)(x-y)(x+y+z)$$
$$= -(x-y)(y-z)(z-x)(x+y+z)$$

が得られる．

別 解

$f(x, y, z) = xy(x^2 - y^2) + yz(y^2 - z^2) + zx(z^2 - x^2)$ において，
(i) $x = y$ として

$$f(y, y, z) = y^2(y^2 - y^2) + yz(y^2 - z^2) + zy(z^2 - y^2)$$
$$= y^3z - yz^3 + yz^3 - y^3z = 0$$

(ii) $y = z$ として

$$f(x, z, z) = xz(x^2 - z^2) + z^2(z^2 - z^2) + zx(z^2 - x^2) = 0$$

(iii) $z = x$ として

$$f(x, y, x) = xy(x^2 - y^2) + yx(y^2 - x^2) + x^2(x^2 - x^2) = 0$$

となる．以上から，$f(x, y, z)$ は，$x-y$，$y-z$，$z-x$ の3つの因数をもつことがわかる．これを意識しながら，因数分解を進めていく．

$$f(x, y, z) = xy(x+y)(x-y) + y^3z - yz^3 + z^3x - zx^3$$
$$= xy(x+y)(x-y) - z(x^3 - y^3) + z^3(x-y)$$

第1章　ウォーミングアップレベル

$$= (x-y)\{xy(x+y) - z(x^2+xy+y^2) + z^3\}$$
$$= (x-y)\{x^2(y-z) + xy(y-z) - z(y^2-z^2)\}$$
$$= (x-y)(y-z)\{x^2 + xy - z(y+z)\}$$
$$= (x-y)(y-z)(x-z)(x+y+z)$$
$$= -(x-y)(y-z)(z-x)(x+y+z)$$

演習10　$f(x) = \dfrac{1}{1+x}$ のマクローリン展開より，$f'(x)$ のマクローリン展開を導きなさい．

解答　$f'(x) = \displaystyle\sum_{k=0}^{\infty} (-1)^{k+1}(k+1)x^k \quad (|x| < 1)$

解説

$f(x) = \dfrac{1}{1+x}$ のマクローリン展開は，

$$f(x) = \frac{1}{1+x} = 1 - x + x^2 - x^3 + x^4 - \cdots \quad (|x|<1)$$

である．よって，

$$f'(x) = -1 + 2x - 3x^2 + 4x^3 - \cdots$$
$$= (-1)^1 + (-1)^2 2x + (-1)^3 3x^2 + (-1)^4 4x^3 + \cdots = \sum_{k=0}^{\infty} (-1)^{k+1}(k+1)x^k$$

となる．

◇**参考**

$f(x)$ を $\sum$ 記号で表して，$f'(x)$ を求めてもよい．

$$f(x) = \frac{1}{1+x} = 1 - x + x^2 - x^3 + x^4 - \cdots$$
$$= 1 + (-1)x + (-1)^2 x^2 + (-1)^3 x^3 + (-1)^4 x^4 + \cdots = \sum_{n=0}^{\infty} (-1)^n x^n \quad (|x|<1)$$

として，$f(x)$ を微分すると，

第1章 ウォーミングアップレベル

$$f'(x) = \sum_{n=0}^{\infty}(-1)^n n x^{n-1} = \sum_{n=1}^{\infty}(-1)^n n x^{n-1}$$

となる．ここで，$n-1=k$ とおいて $(n=k+1)$，

$$f'(x) = \sum_{k=0}^{\infty}(-1)^{k+1}(k+1)x^k$$

となる．

別 解

$f(x)$ を直接マクローリン展開しても，計算はそれほど複雑にならない．

$$f(x) = \frac{1}{1+x} = (1+x)^{-1}$$

として，

$$f'(x) = (-1)(1+x)^{-2}, \quad f''(x) = (-1)(-2)(1+x)^{-3},$$
$$f'''(x) = (-1)(-2)(-3)(1+x)^{-4}, \ldots$$
$$f(0) = 1, \quad f'(0) = (-1), \quad f''(0) = (-1)^2 2!, \quad f'''(0) = (-1)^3 3!,$$
$$f^{(4)}(0) = (-1)^4 4!, \ldots$$

となる．よって，$f(x)$ のマクローリン展開は，$f(x) = \sum_{n=0}^{\infty} \frac{f^{(n)}(0)}{n!} x^n$

$$f(x) = f(0) + f'(0)x + \frac{f''(0)}{2!}x^2 + \frac{f'''(0)}{3!}x^3 + \frac{f^{(4)}(0)}{4!}x^4 + \cdots$$
$$= 1 + (-1)^1 x + (-1)^2 x^2 + (-1)^3 x^3 + (-1)^4 x^4 + \cdots \quad (|x| < 1)$$

となり，したがって，

$$f'(x) = (-1)^1 + (-1)^2 2x + (-1)^3 3x^2 + (-1)^4 4x^3 + \cdots$$
$$= \sum_{k=0}^{\infty}(-1)^{k+1}(k+1)x^k$$

となる．

演習11 $x \geqq 0$ で定義された2つの連続関数 $f(x)$, $g(x)$ の "たたみこみ積" (convolution) は $(f*g)(x) = \int_0^x f(x-t)g(t)\,dt$ で定義されます．ここで，$f(x) = x$, $(f*g)(x) = x^3$ であるとき，$g(x)$ を求めなさい．

解 答 $g(x) = 6x$

第1章　ウォーミングアップレベル

◇◇解　説

　2つの連続関数 $f(x)$, $g(x)$ の"たたみこみ積"(convolution)は初めて聞く用語かもしれないが，問題で与えられている数学的な定義式に従っていけば困難ではないだろう．

$$(f*g)(x) = \int_0^x f(x-t)g(t)\,dt \quad \cdots(1)$$

左辺は x の3次式だから，$\int_0^x f(x-t)g(t)\,dt$ の被積分関数 $f(x-t)g(t)$ は t の2次式でなければならない．$f(x-t)$ は t の1次式だから，$g(t)$ は t の1次式である．$g(t) = at + b$ とおいて，式(1)の計算を行う．

$$x^3 = \int_0^x (x-t)(at+b)\,dt = \int_0^x \{-at^2 + (ax-b)t + bx\}\,dt$$

$$= \left[-\frac{at^3}{3} + \frac{ax-b}{2}t^2 + bxt \right]_{t=0}^{t=x} = \frac{a}{6}x^3 + \frac{b}{2}x^2$$

係数を比較して，$a = 6$, $b = 0$ が得られる．すなわち，$g(x) = 6x$ となる．
　実際，

$$(f*g)(x) = \int_0^x f(x-t)g(t)\,dt$$

$$= \int_0^x (x-t)6t\,dt = 6\left[\frac{xt^2}{2} - \frac{t^3}{3} \right]_{t=0}^{t=x} = x^3$$

と確かめられる．

◇参　考

　畳み込み(たたみこみ積，convolution)とは，図1.1のように関数 $f(t)$ を x だけ平行移動させ，時間反転させて(折り畳んで)関数 $g(t)$ を重ね足し合わせる二項演算である．畳み込み積分，合成積，重畳積分ともよばれる．
　図1.1は $(f*g)(x) = \int_0^x f(x-t)g(t)\,dt$ の計算イメージである．
　また，被積分関数である2関数 f, g の( )内の変数どうしを足すと，$x-t+t = x$ になることに注意してほしい．
　畳み込み積分はディジタル信号処理や制御理論で重要な概念である．
　大きな特徴としては，次式が示すように，フーリエ変換を使うと畳み込み演算が単純な掛け算に変換できることである．

第1章 ウォーミングアップレベル

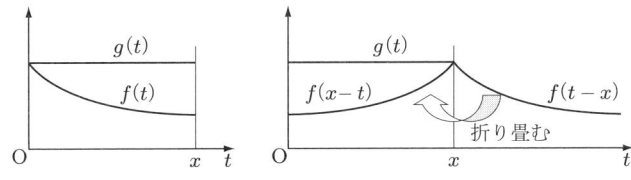

図1.1 畳み込みの計算イメージ

$$F(f*g) = F(f) \cdot F(g) \quad \cdots(2)$$

ここで，$F(f)$ は関数 f のフーリエ変換を示す．この定理はラプラス変換，z 変換に対しても適用でき，工学上非常に有用な定理である．

式 (2) から，定義どおりの畳み込み計算をしないで，関数 f, g の高速フーリエ変換（FFT）を掛け算した結果を逆高速フーリエ変換（IFFT）することで，高速に畳み込みの計算処理ができる．

すなわち，$f*g$ の計算は，$(f*g)(x) = \int_0^x f(x-t)g(t)\,dt$ からではなくて，$f*g = F^{-1}\{F(f) \cdot F(g)\}$ から求めるのが実用上一般的である．

演習12 微分方程式 $\dfrac{dy}{dx} = y - y^2$ を初期条件 $y(0) = \dfrac{1}{1+e}$ のもとで解きなさい．

解答 $y = \dfrac{e^{x-1}}{1+e^{x-1}}$ $\left(\text{または } y = \dfrac{1}{1+e^{1-x}}\right)$

◈ **解説**

微分方程式が変数分離形であることに注目する．

$$\frac{dy}{dx} = y - y^2$$

$$\frac{1}{y(1-y)}\frac{dy}{dx} = 1$$

$$\int \frac{dy}{y(1-y)} = \int dx$$

$$\int \left(\frac{1}{y} + \frac{1}{1-y}\right)dy = \int dx$$

$$\log_e \left|\frac{y}{1-y}\right| = x + C \quad (C \text{ は任意定数})$$

第1章 ウォーミングアップレベル

$$\frac{y}{1-y} = \pm e^{x+C} = Ae^x \quad (A = \pm e^C \text{ は任意定数})$$

y について解くと，

$$y = \frac{Ae^x}{1 + Ae^x}$$

となる．初期条件 $y(0) = \dfrac{1}{1+e}$ から，$A = \dfrac{1}{e} \ (= e^{-1})$ が得られ，最終的に

$$y = \frac{e^{-1}e^x}{1 + e^{-1}e^x} = \frac{e^{x-1}}{1 + e^{x-1}}$$

が得られる．

演習13 $z = f(x, y)$ の全微分は次のように定義されます．

$$dz = \frac{\partial f}{\partial x}dx + \frac{\partial f}{\partial y}dy$$

次の関数の全微分を求めなさい．

$$z = e^{2x^3} \cos 4y^2$$

解 答 $dz = 6x^2 e^{2x^3} \cos 4y^2 \, dx - 8y e^{2x^3} \sin 4y^2 \, dy$

◆解 説

全微分の定義 $dz = \dfrac{\partial f}{\partial x}dx + \dfrac{\partial f}{\partial y}dy$ に従って計算すれば，問題ない．

$$\frac{\partial f}{\partial x} = 6x^2 e^{2x^3} \cos 4y^2$$

$$\frac{\partial f}{\partial y} = -8y e^{2x^3} \sin 4y^2$$

から，

$$dz = \frac{\partial f}{\partial x}dx + \frac{\partial f}{\partial y}dy = 6x^2 e^{2x^3} \cos 4y^2 \, dx - 8y e^{2x^3} \sin 4y^2 \, dy$$

となる．

第1章 ウォーミングアップレベル

◇ 参 考（全微分）

$z = f(x, y)$ の偏導関数 f_x, f_y が存在するとき,

$$\Delta z = f(x + \Delta x, y + \Delta y) - f(x, y) = f_x \Delta x + f_y \Delta y + \varepsilon_1 \Delta x + \varepsilon_2 \Delta y$$

$\Delta x, \Delta y \to 0$ のとき, $\varepsilon_1, \varepsilon_2 \to 0$

となるならば,

$$dz = f(x + \Delta x, y + \Delta y) - f(x, y) = f_x\, dx + f_y\, dy$$

を $z = f(x, y)$ の全微分という．要するに，全微分とは，2 変数関数 $z = f(x, y)$ の 2 変数 x, y 両方（同時）の変化の割合を示す（図 1.2）．

一方，偏導関数 f_x は，（y を一定とした）1 変数 x だけの変化の割合を示し，また f_y は，（x を一定とした）1 変数 y だけの変化の割合を示す．

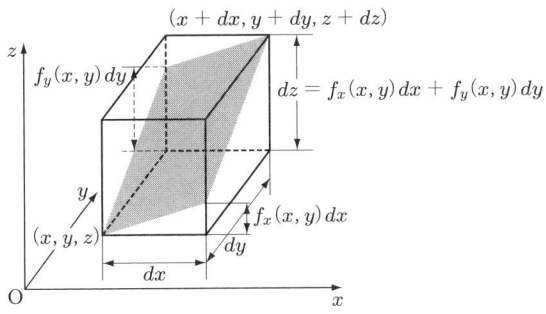

図 1.2 全微分のイメージ

演習 14 確率変数 X の確率密度関数 $f(x)$ が

$$f(x) = \begin{cases} \dfrac{3}{4}(ax - x^2) & (0 \leqq x \leqq a) \\ 0 & (x < 0,\ a < x) \end{cases}$$

で与えられるとき，次の問いに答えなさい．ただし，a は正の定数であるとします．

① a の値を求めなさい．
② ①で求めた a の値に対して X の分散を求めなさい．

解 答 ① $a = 2$ ② $\dfrac{1}{5}$

第1章 ウォーミングアップレベル

◎ 解 説

① 確率変数 X の確率密度関数 $f(x)$ は，$\int_0^a f(x)\,dx = 1$ を満たすので，

$$\int_0^a \frac{3}{4}(ax - x^2)\,dx = \frac{3}{4}\left[\frac{ax^2}{2} - \frac{x^3}{3}\right]_0^a = \frac{a^3}{8} = 1$$

となる．a は正の定数であるから，$a = 2$ となる．

② 分散を求めるには，まずは平均値を求める必要がある．
$a = 2$ から

$$\text{平均値} = \int_0^2 xf(x)\,dx = \int_0^2 \frac{3}{4}x(2x - x^2)\,dx = \frac{3}{4}\left[\frac{2x^3}{3} - \frac{x^4}{4}\right]_0^2 = 1$$

となる．よって，分散は，

$$\int_0^2 (x-1)^2 f(x)\,dx = \int_0^2 (x-1)^2 \frac{3}{4}(2x - x^2)\,dx$$

$$= \frac{3}{4}\int_0^2 (-x^4 + 4x^3 - 5x^2 + 2x)\,dx$$

$$= \frac{3}{4}\left[-\frac{x^5}{5} + x^4 - \frac{5}{3}x^3 + x^2\right]_0^2 = \frac{3}{4} \cdot \frac{4}{15} = \frac{1}{5}$$

である．

◇ 参 考（別解）

平均値を m とすれば，分散は，

$$\int_0^a (x-m)^2 f(x)\,dx = \int_0^a x^2 f(x)\,dx - 2m\int_0^a xf(x)\,dx + m^2$$

$$= \int_0^a x^2 f(x)\,dx - m^2$$

となる．平均値 $m = 1$ なので，

$$\text{分散} = \int_0^2 x^2 \frac{3}{4}(2x - x^2)\,dx - 1^2$$

$$= \frac{3}{4}\int_0^2 (2x^3 - x^4)\,dx - 1 = \frac{3}{4}\left[\frac{x^4}{2} - \frac{x^5}{5}\right]_0^2 - 1 = \frac{3}{4} \cdot \frac{8}{5} - 1 = \frac{1}{5}$$

となる．

第1章　ウォーミングアップレベル

▶練習問題◀

1　$g(x) = x^5 + x^4 + x^3 + x^2 + x + 1$ とします．このとき，$g(x^{12})$ を $g(x)$ で割るときの余りを求めなさい．

2　$xy \neq 0$ のとき，次の連立方程式を解きなさい．
$$\begin{cases} (x+y)(x^2+y^2) = \dfrac{40}{3}xy \\ (x^2+y^2)(x^4-y^4) = \dfrac{800}{9}x^2y^2 \end{cases}$$

3　3次正方行列 $A = \begin{pmatrix} 1 & 4 & -1 \\ -2 & 2 & 0 \\ 0 & 3 & -3 \end{pmatrix}$ の固有値をそれぞれ $\lambda_1, \lambda_2, \lambda_3$ とするとき，次の問いに答えなさい．
① $\lambda_1 + \lambda_2 + \lambda_3$ の値を求めなさい．
② ${\lambda_1}^2 + {\lambda_2}^2 + {\lambda_3}^2$ の値を求めなさい．

4　次の代数方程式のすべての解を求めなさい．
$$x^4 - 7x^3 + 14x^2 - 8x + 1 = x^3 - 6x^2 + 9x - 3$$

5　次の定数係数2階線形微分方程式の一般解を求めなさい．
$$2y'' + 9y' - 35y + 105x - 97 = 0$$

6　合成関数 $y = (f \circ g)(x) = f(g(x))$ の導関数は
$$y' = f'(g(x))g'(x) = (f' \circ g)(x) \cdot g'(x)$$
となります．これは「連鎖律」という表現上の名がついています．この関数の3階の導関数 $y^{(3)}$ を上のような表現で表しなさい．

7　$\displaystyle\int_0^\infty \dfrac{1-\cos 2x}{x^2}dx$ を求めなさい．ただし，$\displaystyle\int_0^\infty \dfrac{\sin x}{x}dx = \dfrac{\pi}{2}$ を使用しても構いません．

第1章 ウォーミングアップレベル

8 $\displaystyle\sum_{k=1}^{\infty}\frac{k}{1+k^2+k^4}$ を求めなさい.

9 x, y, z を区間 $[0,1]$ より独立に選びます. このとき, $x \geqq yz$ となる確率を計算しなさい.

10 次の微分方程式の一般解を求めなさい.

$$\frac{dy}{dx} = \tan^2(x+y)$$

11 $w = \log_e(x^2+y^2+z^2)$ に対して, 次の計算をしなさい.

$$\frac{\partial^2 w}{\partial x^2} + \frac{\partial^2 w}{\partial y^2} + \frac{\partial^2 w}{\partial z^2}$$

12 すべての実数 x について, $-\dfrac{\pi}{2} < \tan^{-1} x < \dfrac{\pi}{2}$ とするとき, 次の値を求めなさい.

$$\tan^{-1} 1 + \tan^{-1} 2 + \tan^{-1} 3$$

Chapter 2 実践力養成レベル

演習1 整式 $A(x)$, $B(x)$ は恒等的に
$$A(x)(3x^3+1) + B(x)(2x^2+1) = 17(10x+1)$$
を満たします．このような $A(x)$, $B(x)$ のうち，次数がもっとも小さく係数が整数のものを求めなさい．

解 答 $A(x) = 92x - 52$, $B(x) = -138x^2 + 78x + 69$

◇解 説

$A(x)(3x^3+1) + B(x)(2x^2+1) = 17(10x+1)$ で，右辺は x の1次式である．一方，左辺は x の2次以上の項を含んでいるから，x の2次以上の項がなくなるように $A(x)$, $B(x)$ の係数を求めなければならない．

また，$A(x)(3x^3+1)$ と $B(x)(2x^2+1)$ はお互い同じ次数である必要がある．そうでなければ，x の2次以上の項が残って，右辺の1次式と矛盾することになる．これから，$A(x)$ は $B(x)$ より x に関して1次小さい多項式となって，以下の場合が考えられる．

 (i) $A(x)$ は定数，$B(x)$ は1次式
 (ii) $A(x)$ は1次式，$B(x)$ は2次式

$A(x)$, $B(x)$ は次数がもっとも小さい（係数が整数）という条件なので，(i)，(ii) で求められなければ，順次次数を上げていく．

(i) $A(x) = a$（定数），$B(x) = bx + c$ とおいて，

$$a(3x^3+1) + (bx+c)(2x^2+1) = 170x + 17$$
$$(3a+2b)x^3 + 2cx^2 + bx + a + c = 170x + 17$$

が得られる．よって，$3a + 2b = 0$, $2c = 0$, $b = 170$, $a + c = 17$ が成り立つ．$b = 170$ より，$3a = -340$, $a = -\dfrac{340}{3}$ となって，$A(x)$ は整数係数であることに矛盾する．

(ii) $A(x) = ax + b$, $B(x) = cx^2 + dx + e$ とおいて，

$$(ax+b)(3x^3+1) + (cx^2+dx+e)(2x^2+1) = 170x + 17$$
$$(3a+2c)x^4 + (3b+2d)x^3 + (c+2e)x^2 + (a+d)x + b + e = 170x + 17$$

第2章　実践力養成レベル

が得られる．$3a+2c=0$, $3b+2d=0$, $c+2e=0$, $a+d=170$, $b+e=17$ より，5個の未知数 a, b, c, d, e に対して方程式も5個なので，解を求めると，

$$a=92, \quad b=-52, \quad c=-138, \quad d=78, \quad e=69$$

となる．よって，$A(x)=92x-52$, $B(x)=-138x^2+78x+69$ が得られる．

◇参　考

もし，$A(x)$, $B(x)$ がともに x の1次多項式として，$A(x)=ax+b$ ($a\neq 0$), $B(x)=cx+d$ ($c\neq 0$) とおくと，

$$A(x)(3x^3+1)+B(x)(2x^2+1)=17(10x+1)$$

は，

$$(ax+b)(3x^3+1)+(cx+d)(2x^2+1)=170(10x+1)$$
$$3ax^4+(3b+2c)x^3+2dx^2+(a+c)x+b+d=170x+17$$

となり，$a\neq 0$ から，x^4 の係数が0でなくなって，4次の項が残ってしまう．

演習2　次の連立方程式の実数解の組を求めなさい．

$$\begin{cases} \left(3-\dfrac{6y}{x+y}\right)^2+\left(3+\dfrac{6y}{x-y}\right)^2=82 \\ xy=2 \end{cases}$$

解　答　$(x,y)=(\pm 2, \pm 1), (\pm 1, \pm 2)$　（複号同順）

解　説

$$\begin{cases} \left(3-\dfrac{6y}{x+y}\right)^2+\left(3+\dfrac{6y}{x-y}\right)^2=82 & \cdots(1) \\ xy=2 & \cdots(2) \end{cases}$$

式(1)から，

$$\left(\dfrac{x-y}{x+y}\right)^2+\left(\dfrac{x+y}{x-y}\right)^2=\dfrac{82}{9}$$

$$\dfrac{(x-y)^4+(x+y)^4}{(x^2-y^2)^2}=\dfrac{82}{9}$$

第2章 実践力養成レベル

$$\frac{\{(x-y)^2+(x+y)^2\}^2 - 2(x-y)^2(x+y)^2}{x^4-2x^2y^2+y^4} = \frac{82}{9}$$

$$\frac{(2x^2+2y^2)^2 - 2(x^2-y^2)^2}{x^4-2x^2y^2+y^4} = \frac{82}{9}$$

$$\frac{4x^4+8x^2y^2+4y^4-2x^4+4x^2y^2-2y^4}{x^4-2x^2y^2+y^4} = \frac{82}{9}$$

$$\frac{2x^4+12x^2y^2+2y^4}{x^4-2x^2y^2+y^4} = \frac{82}{9} \qquad \cdots(3)$$

となる．式 (3) に $xy=2$（式 (2)）を代入して整理すると，

$$x^4+y^4 = 17$$

となる．これを変形して，

$$(x^2+y^2)^2 - 2x^2y^2 = 17$$
$$(x^2+y^2)^2 = 25 \quad (\because xy=2)$$
$$x^2+y^2 = 5$$

さらに変形して，

$$(x+y)^2 - 2xy = 5$$
$$x+y = \pm 3 \quad (\because xy=2)$$

となる．よって，$x+y = \pm 3$，$xy = 2$ から，x, y は 2 次方程式 $t^2 \pm 3t + 2 = 0$ の解となるので，

$$(x,y) = (\pm 2, \pm 1),\ (\pm 1, \pm 2) \quad (複号同順)$$

が得られる．

演習3 次の和を求めなさい．
$$\sum_{k=1}^{n}(k^2+1)k!$$

解答 $n \times (n+1)!$

第2章　実践力養成レベル

◇解　説

求める和を S_n とおくと，$k=1$ から $k=n$ までの和であるから，

$$S_n = \sum_{k=1}^{n}(k^2+1)k! = (1^2+1)1! + (2^2+1)2! + (3^2+1)3! + \cdots + (n^2+1)n!$$

と書ける．よって，

$n=1$ で，$S_1 = (1^2+1)1! = 2 \times 1! = 2!$

$n=2$ で，$S_2 = S_1 + (2^2+1)2! = 2! + (2^2+1)2! = (1+2^2+1)2! = (2+2^2)2!$
$\qquad = 2(1+2)2! = 2 \times 3 \times 2! = 2 \times 3!$

$n=3$ で，$S_3 = S_2 + (3^2+1)3! = 2 \times 3! + (3^2+1)3! = (2+3^2+1)3!$
$\qquad = (3+3^2)3! = 3(1+3)3!$
$\qquad = 3 \times 4 \times 3! = 3 \times 4!$

となる．これらの結果から，$S_n = n \times (n+1)!$ と推測される．

そこで，$S_n = n \times (n+1)!$ を数学的帰納法で証明してみる．

$n=1$ のとき，$S_1 = 2 = 1 \times (1+1)!$ で成り立つ．

$n=k$ のとき，$S_k = k \times (k+1)!$ が成り立つと仮定する．

$n=k+1$ では，

$$S_{k+1} = S_k + \{(k+1)^2+1\}(k+1)! = k \times (k+1)! + \{(k+1)^2+1\}(k+1)!$$
$$= (k+k^2+2k+2)(k+1)!$$
$$= (k^2+3k+2)(k+1)! = (k+1)(k+2)(k+1)! = (k+1)(k+2)!$$

となって，S_{k+1} でも成り立つことがわかる．

したがって，$S_n = \sum_{k=1}^{n}(k^2+1)k! = n \times (n+1)!$ が成り立つ．

演習4　次の式を係数が整数の範囲で因数分解しなさい．

$$x^6 - 14x^4 + 17x^2 - 4$$

解　答　$(x+1)(x-1)(x^2+3x-2)(x^2-3x-2)$

第2章 実践力養成レベル

◈ 解　説

x についての次数が偶数であること，さらに，因数定理が適用できるかどうかということに注目する．

$X = x^2$ とおいて，
$$f(X) = X^3 - 14X^2 + 17X - 4$$

とする．$f(1) = 0$ から，
$$X^3 - 14X^2 + 17X - 4 = (X-1)(X^2 - 13X + 4) = (x+1)(x-1)(x^4 - 13x^2 + 4)$$

となる．上式の $x^4 - 13x^2 + 4$ のような式を複2次式というが，これが因数分解できるかどうか調べると，

$$x^4 - 13x^2 + 4 = x^4 - 4x^2 + 4 - 9x^2 = (x^2 - 2)^2 - (3x)^2$$
$$= (x^2 - 2 + 3x)(x^2 - 2 - 3x) = (x^2 + 3x - 2)(x^2 - 3x - 2)$$

となる．したがって，

$$x^6 - 14x^4 + 17x^2 - 4 = (x+1)(x-1)(x^2 + 3x - 2)(x^2 - 3x - 2)$$

となる．

◇ 参　考（別解）

$X^2 - 13X + 4 \,(= x^4 - 13x^2 + 4)$ の因数分解を別の角度から考えてみる．

X の2次方程式 $X^2 - 13X + 4 = 0$ で，$X = x^2 = \dfrac{13 \pm \sqrt{153}}{2}$ から，

$$X^2 - 13X + 4 = x^4 - 13x^2 + 4 = \left(x^2 - \dfrac{13 + \sqrt{153}}{2}\right)\left(x^2 - \dfrac{13 - \sqrt{153}}{2}\right)$$

となる．さらに，

$$X = x^2 = \dfrac{13 \pm \sqrt{153}}{2} = \dfrac{26 \pm 2\sqrt{153}}{4} = \dfrac{(\sqrt{17} \pm \sqrt{9})^2}{4}$$

から，$x = \pm \dfrac{\sqrt{17} \pm 3}{2}$，すなわち x は以下4つの解をもつ．

$$x = \dfrac{\sqrt{17} + 3}{2},\ -\dfrac{\sqrt{17} + 3}{2},\ \dfrac{\sqrt{17} - 3}{2},\ -\dfrac{\sqrt{17} - 3}{2}$$

第2章　実践力養成レベル

よって，

$$X^2 - 13X + 4 = x^4 - 13x^2 + 4$$
$$= \left(x - \frac{\sqrt{17}+3}{2}\right)\left(x + \frac{\sqrt{17}+3}{2}\right)\left(x - \frac{\sqrt{17}-3}{2}\right)\left(x + \frac{\sqrt{17}-3}{2}\right)$$

となる．ここで，右辺における因数の順序を変えて，2つの因数どうしをかけてみると，

$$\left(x - \frac{\sqrt{17}+3}{2}\right)\left(x + \frac{\sqrt{17}-3}{2}\right)\left(x + \frac{\sqrt{17}+3}{2}\right)\left(x - \frac{\sqrt{17}-3}{2}\right)$$
$$= \left(x^2 + \frac{\sqrt{17}-3}{2}x - \frac{\sqrt{17}+3}{2}x - \frac{17-9}{4}\right)\left(x^2 - \frac{\sqrt{17}-3}{2}x + \frac{\sqrt{17}+3}{2}x - \frac{17-9}{4}\right)$$
$$= (x^2 - 3x - 2)(x^2 + 3x - 2)$$

となる．したがって，

$$x^6 - 14x^4 + 17x^2 - 4 = (x+1)(x-1)(x^2 + 3x - 2)(x^2 - 3x - 2)$$

が得られる．

演習5

$\displaystyle\lim_{x \to 0} \frac{e^x - e^{\sin x}}{x^3}$ を求めなさい．

解答　$\dfrac{1}{6}$

解説

$x \to 0$ では $\dfrac{e^x - e^{\sin x}}{x^3}$ の分子・分母ともに 0 になるので，ロピタルの定理から，

$$\lim_{x \to 0} \frac{e^x - e^{\sin x}}{x^3} = \lim_{x \to 0} \frac{(e^x - e^{\sin x})'}{(x^3)'} = \lim_{x \to 0} \frac{e^x - \cos x\, e^{\sin x}}{3x^2}$$

となる．これも分子・分母ともに 0 になるので，さらにロピタルの定理を適用する．

$$\lim_{x \to 0} \frac{e^x - \cos x\, e^{\sin x}}{3x^2} = \lim_{x \to 0} \frac{(e^x - \cos x\, e^{\sin x})'}{(3x^2)'} = \lim_{x \to 0} \frac{e^x - (\cos^2 x - \sin x)e^{\sin x}}{6x}$$

これもまた分子・分母ともに 0 になるので，もう一度ロピタルの定理を適用すると，

$$\lim_{x \to 0} \frac{e^x - (\cos^2 x - \sin x)e^{\sin x}}{6x} = \lim_{x \to 0} \frac{\{e^x - (\cos^2 x - \sin x)e^{\sin x}\}'}{(6x)'}$$

第2章　実践力養成レベル

$$= \lim_{x \to 0} \frac{e^x - \{2\cos x(-\sin x) - \cos x\}e^{\sin x} - (\cos^2 x - \sin x)\cos x\, e^{\sin x}}{6}$$

$$= \lim_{x \to 0} \frac{e^x - (-3\sin x \cos x - \cos x + \cos^3 x)e^{\sin x}}{6} = \frac{1}{6}$$

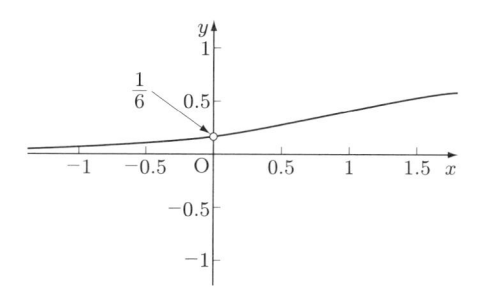

が得られる．なお，参考までに $y = \dfrac{e^x - e^{\sin x}}{x^3}$ のグラフを図 2.1 に示す．

$$\lim_{x \to +0} \frac{e^x - e^{\sin x}}{x^3} = \lim_{x \to -0} \frac{e^x - e^{\sin x}}{x^3}$$

から，

$$\lim_{x \to 0} \frac{e^x - e^{\sin x}}{x^3} = \frac{1}{6} \ (\fallingdotseq 0.1666)$$

である．

図 2.1　$y = \dfrac{e^x - e^{\sin x}}{x^3}$ のグラフ

◆ 参　考（ロピタル（de l'Hospital）の定理）

関数 $f(x)$, $g(x)$ が a を含むある区間で連続，a を除いて微分可能，かつ $g'(x) \neq 0$ とする．さらに，$f(a) = g(a) = 0$ であり，$\displaystyle\lim_{x \to a} \frac{f'(x)}{g'(x)}$ が存在するならば，

$$\lim_{x \to a} \frac{f(x)}{g(x)} = \lim_{x \to a} \frac{f'(x)}{g'(x)} \qquad \cdots(1)$$

が成り立つ．これをロピタルの定理という．もし式 (1) で，$f'(a) = g'(a) = 0$ であり，ロピタルの定理をさらに適用して $\displaystyle\lim_{x \to a} \frac{f''(x)}{g''(x)}$ が存在するならば，

第2章　実践力養成レベル

$$\lim_{x \to a} \frac{f'(x)}{g'(x)} = \lim_{x \to a} \frac{f''(x)}{g''(x)}$$

が成り立つ.
　本問は，ロピタルの定理を3回適用してやっと極限値が得られるという，忍耐を要する問題である.

演習6　$\sqrt{1+\sin x}$ $(0 < x < \pi)$ をマクローリン展開して，定数項から x^5 の項までを求め，和の形で表しなさい.

解　答　$1 + \dfrac{1}{2}x - \dfrac{1}{2^2 \cdot 2!}x^2 - \dfrac{1}{2^3 \cdot 3!}x^3 + \dfrac{1}{2^4 \cdot 4!}x^4 + \dfrac{1}{2^5 \cdot 5!}x^5$

◆**解　説**

マクローリン展開は，$f(x) = \sqrt{1+\sin x}$ として

$$f(x) = f(0) + f'(0)x + \frac{f''(0)}{2!}x^2 + \frac{f'''(0)}{3!}x^3 + \cdots + \frac{f^{(n)}(0)}{n!}x^n + \cdots$$

で求められるはずである．ところが，$f(x) = \sqrt{1+\sin x}$ のままで微分し続けると，計算が複雑になって解答が困難となる．何か解決策はないだろうか．
$(\sin x + \cos x)^2 = 1 + \sin 2x$ から，

$$\left(\sin \frac{x}{2} + \cos \frac{x}{2}\right)^2 = 1 + \sin x \qquad \cdots (1)$$

である．式(1)の両辺の平方根をとって，

$$\sqrt{\left(\sin \frac{x}{2} + \cos \frac{x}{2}\right)^2} = \left|\sin \frac{x}{2} + \cos \frac{x}{2}\right| = \sqrt{1+\sin x} \qquad \cdots (2)$$

となる．式(1)で，$0 < x < \pi$ から，$0 < \dfrac{x}{2} < \dfrac{\pi}{2}$ となって，$\sin \dfrac{x}{2} > 0$，$\cos \dfrac{x}{2} > 0$ より $\sin \dfrac{x}{2} + \cos \dfrac{x}{2} > 0$ なので，式(2)は，

$$\sqrt{1+\sin x} = \sin \frac{x}{2} + \cos \frac{x}{2}$$

となる．これから，$f(x) = \sqrt{1+\sin x} = \sin \dfrac{x}{2} + \cos \dfrac{x}{2}$ として，定数項から x^5 の項までマクローリン展開を行うことができる.

第2章 実践力養成レベル

$$f(x) = f(0) + f'(0)x + \frac{f''(0)}{2!}x^2 + \frac{f'''(0)}{3!}x^3 + \frac{f^{(4)}(0)}{4!}x^4 + \frac{f^{(5)}(0)}{5!}x^5 \text{ において,}$$

$f(0) = 1$

$f'(x) = \dfrac{1}{2}\cos\dfrac{x}{2} - \dfrac{1}{2}\sin\dfrac{x}{2}$ から,$f'(0) = \dfrac{1}{2}$

$f''(x) = -\left(\dfrac{1}{2}\right)^2 \sin\dfrac{x}{2} - \left(\dfrac{1}{2}\right)^2 \cos\dfrac{x}{2}$ から,$f''(0) = -\dfrac{1}{2^2}$

$f'''(x) = -\left(\dfrac{1}{2}\right)^3 \cos\dfrac{x}{2} + \left(\dfrac{1}{2}\right)^3 \sin\dfrac{x}{2}$ から,$f'''(0) = -\dfrac{1}{2^3}$

$f^{(4)}(x) = \left(\dfrac{1}{2}\right)^4 \sin\dfrac{x}{2} + \left(\dfrac{1}{2}\right)^4 \cos\dfrac{x}{2}$ から,$f^{(4)}(0) = \dfrac{1}{2^4}$

$f^{(5)}(x) = \left(\dfrac{1}{2}\right)^5 \cos\dfrac{x}{2} - \left(\dfrac{1}{2}\right)^5 \sin\dfrac{x}{2}$ から,$f^{(5)}(0) = \dfrac{1}{2^5}$

であるから,

$$\sqrt{1+\sin x} \fallingdotseq 1 + \frac{1}{2}x - \frac{1}{2^2 \cdot 2!}x^2 - \frac{1}{2^3 \cdot 3!}x^3 + \frac{1}{2^4 \cdot 4!}x^4 + \frac{1}{2^5 \cdot 5!}x^5$$

が得られる.参考までに,上式の右辺を $g(x)$ とおき,図 2.2 に

$$y = \sqrt{1+\sin x}, \quad y = g(x) = 1 + \frac{1}{2}x - \frac{1}{2^2 \cdot 2!}x^2 - \frac{1}{2^3 \cdot 3!}x^3 + \frac{1}{2^4 \cdot 4!}x^4 + \frac{1}{2^5 \cdot 5!}x^5$$

のグラフを示す.$0 < x < \pi$ において,$\sqrt{1+\sin x}$ は $g(x)$ でほぼ近似できることがわかる.

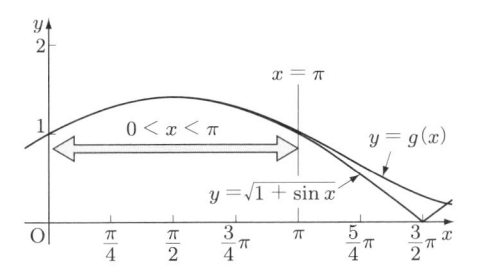

図 2.2 $y = \sqrt{1+\sin x}$,その近似式($y = g(x)$)のグラフ

第2章 実践力養成レベル

◇参 考

$f(x) = \sqrt{1+\sin x} = \sin\dfrac{x}{2} + \cos\dfrac{x}{2}$ で,

$$f^{(n)}(x) = \left(\dfrac{1}{2}\right)^n \left\{\sin\left(\dfrac{x}{2} + \dfrac{n\pi}{2}\right) + \cos\left(\dfrac{x}{2} + \dfrac{n\pi}{2}\right)\right\}$$

から

$$f^{(n)}(0) = \left(\dfrac{1}{2}\right)^n \left\{\sin\left(\dfrac{n\pi}{2}\right) + \cos\left(\dfrac{n\pi}{2}\right)\right\}$$

の値を一般的に求めると, $k = 0, 1, 2, 3, \ldots$ として,

(i) $n = 4k$ のとき, $f^{(4k)}(0) = \left(\dfrac{1}{2}\right)^{4k}$

(ii) $n = 4k+1$ のとき, $f^{(4k+1)}(0) = \left(\dfrac{1}{2}\right)^{4k+1}$

(iii) $n = 4k+2$ のとき, $f^{(4k+2)}(0) = -\left(\dfrac{1}{2}\right)^{4k+2}$

(iv) $n = 4k+3$ のとき, $f^{(4k+3)}(0) = -\left(\dfrac{1}{2}\right)^{4k+3}$

となる.

演習7 $0 \leqq x \leqq 1$ のとき

$$2\sin^{-1}\sqrt{x} - \sin^{-1}(2x-1)$$

の値を求めなさい.

解 答 $\dfrac{\pi}{2}$

◈解 説

$\sin^{-1}\sqrt{x} = A$, $\sin^{-1}(2x-1) = B$ とおけば, $\sqrt{x} = \sin A$, $2x-1 = \sin B$ となる. $\sin^2 A = x$ より,

$$\cos^2 A = 1 - \sin^2 A = 1 - x$$

すなわち,

$$\cos A = \sqrt{1-x} \qquad \cdots (※1)$$

第2章　実践力養成レベル

となる．
　また，$\sin^2 B = (2x-1)^2$ より，
$$\cos^2 B = 1 - \sin^2 B = 1 - (2x-1)^2 = 4x(1-x)$$
すなわち，
$$\cos B = \sqrt{4x(1-x)} \qquad \cdots (※2)$$
となる．よって，
$$\begin{aligned}\sin(2A-B) &= \sin 2A \cos B - \cos 2A \sin B \\ &= 2\sin A \cos A \cos B - (\cos^2 A - \sin^2 A)\sin B \\ &= 2\sqrt{x}\sqrt{1-x}\sqrt{4x(1-x)} - (1-x-x)(2x-1) \\ &= 4\sqrt{x}\sqrt{x}\sqrt{1-x}\sqrt{1-x} + (2x-1)(2x-1)\end{aligned}$$
となり，$0 \leqq x \leqq 1$ から
$$\begin{aligned}\sin(2A-B) &= 4x(1-x) + 4x^2 - 4x + 1 \\ &= 4x - 4x^2 + 4x^2 - 4x + 1 = 1\end{aligned}$$
すなわち，
$$2A - B = \frac{\pi}{2} \qquad \cdots (※3)$$
が得られる．

◇**参　考**(※1), (※2)

　上記 (※1), (※2) の根拠を補足する．
　$\cos^2 A = 1 - x$ から $\cos A = \pm\sqrt{1-x}$ となるが，$0 \leqq x \leqq 1$ から
$$0 \leqq \sin^{-1}\sqrt{x}\ (=A) \leqq \frac{\pi}{2}$$
よって，$\cos A \geqq 0$ となって，$\cos A = \sqrt{1-x}$ となる．
　同様に，$0 \leqq x \leqq 1$ から
$$-\frac{\pi}{2} \leqq \sin^{-1}(2x-1)\ (=B) \leqq \frac{\pi}{2}$$
よって，$\cos B \geqq 0$ から $\cos B = \sqrt{4x(1-x)}$ となる．

第2章　実践力養成レベル

◇参　考 (※3)

上記 (※3) の根拠を補足する．
$0 \leqq \sin^{-1}\sqrt{x}\ (=A) \leqq \dfrac{\pi}{2}$，$-\dfrac{\pi}{2} \leqq \sin^{-1}(2x-1)\ (=B) \leqq \dfrac{\pi}{2}$ から

$$0 \leqq 2A \leqq \pi, \quad -\dfrac{\pi}{2} \leqq -B \leqq \dfrac{\pi}{2}$$

よって，$-\dfrac{\pi}{2} \leqq 2A - B \leqq \dfrac{3}{2}\pi$ から $\sin^{-1}(2A-B) = 1$ をみたす $2A-B$ を求めると，

$$2A - B = \dfrac{\pi}{2}$$

•別　解

$f(x) = 2\sin^{-1}\sqrt{x} - \sin^{-1}(2x-1)$ で，x の具体的な値を代入してみると，

$f(0) = 2\sin^{-1}(0) - \sin^{-1}(-1) = 0 - \left(-\dfrac{\pi}{2}\right) = \dfrac{\pi}{2}$,

$f(1) = 2\sin^{-1}(1) - \sin^{-1}(1) = \sin^{-1}(1) = \dfrac{\pi}{2}$

となる．

次に，$\dfrac{df}{dx}$ を求める．$(\sin^{-1}x)' = \dfrac{1}{\sqrt{1-x^2}}$ から，

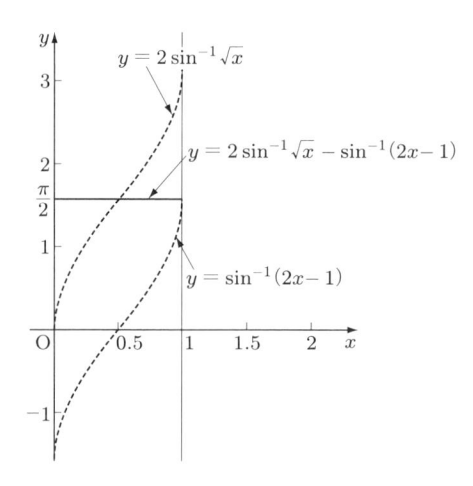

図 2.3　$y = 2\sin^{-1}\sqrt{x} - \sin^{-1}(2x-1)$ のグラフ

第2章　実践力養成レベル

$$\frac{df}{dx} = 2 \cdot \frac{1}{\sqrt{1-x}} \frac{1}{2} \cdot \frac{1}{\sqrt{x}} - \frac{2}{\sqrt{1-(2x-1)^2}} = \frac{1}{\sqrt{x(1-x)}} - \frac{1}{\sqrt{x(1-x)}} = 0$$

となる．$\frac{df}{dx} = 0$ から，$f(x)$ は一定．すなわち，$0 \leq x \leq 1$ のとき $y = 2\sin^{-1}\sqrt{x} - \sin^{-1}(2x-1) = \frac{\pi}{2}$（= const.）であることがわかる．

参考までに，$y = 2\sin^{-1}\sqrt{x} - \sin^{-1}(2x-1)$（$0 \leq x \leq 1$）のグラフを図2.3に示す．

演習8　次の極限値を求めなさい．
$$\lim_{x \to \infty} \left\{ \sqrt{x^2 + 3x - 1} - \sqrt[3]{x^3 + x^2 - 1} \right\}$$

解答　$\dfrac{7}{6}$

◇**解説**

$\lim_{x \to \infty} \left\{ \sqrt{x^2 + 3x - 1} - \sqrt[3]{x^3 + x^2 - 1} \right\}$ では，平方根と立方根を含むので有理化は難しい．では，どうするか．

$x > 0$ より，

$$\sqrt{x^2 + 3x - 1} - \sqrt[3]{x^3 + x^2 - 1} = x\left(1 + \frac{3}{x} - \frac{1}{x^2}\right)^{\frac{1}{2}} - x\left(1 + \frac{1}{x} - \frac{1}{x^2}\right)^{\frac{1}{3}}$$

と変形できる．ここで，

$$(1+x)^n = 1 + nx + \frac{n(n-1)}{2}x^2 + \cdots$$

より，$x \fallingdotseq 0$ では，$(1+x)^n \fallingdotseq 1 + nx$ である．よって，

$$x\left(1 + \frac{3}{x} - \frac{1}{x^2}\right)^{\frac{1}{2}} - x\left(1 + \frac{1}{x} - \frac{1}{x^3}\right)^{\frac{1}{3}}$$
$$\fallingdotseq x\left\{1 + \frac{1}{2}\left(\frac{3}{x} - \frac{1}{x^2}\right)\right\} - x\left\{1 + \frac{1}{3}\left(\frac{1}{x} - \frac{1}{x^3}\right)\right\}$$
$$= x\left(1 + \frac{3}{2x} - \frac{1}{2x^2} - 1 - \frac{1}{3x} + \frac{1}{3x^3}\right)$$

となる．$x \to \infty$ では，$\dfrac{1}{x}$ の項まで考え，$\dfrac{1}{x^2}$ と $\dfrac{1}{x^3}$ の項は無視すると，

第2章　実践力養成レベル

$$\sqrt{x^2+3x-1}-\sqrt[3]{x^3+x^2-1} \fallingdotseq x\left(1+\frac{3}{2x}-1-\frac{1}{3x}\right)=x\times\frac{7}{6x}=\frac{7}{6}$$

となる．

演習9　級数 $\displaystyle\sum_{n=1}^{\infty}\frac{n^5}{n!}$ について，次の問いに答えなさい．

①次の式が n についての恒等式になるように，定数 p, q, r の値を定めなさい．

$$n^5=n(n-1)(n-2)(n-3)(n-4)+pn(n-1)(n-2)(n-3)$$
$$+qn(n-1)(n-2)+rn(n-1)+n$$

②①を用いて，級数 $\displaystyle\sum_{n=1}^{\infty}\frac{n^5}{n!}$ を求めなさい．

解　答　① $p=10$, $q=25$, $r=15$　② $52e$

解　説

① $n^5=n(n-1)(n-2)(n-3)(n-4)+pn(n-1)(n-2)(n-3)$
　　$+qn(n-1)(n-2)+rn(n-1)+n$

上式の両辺に $n=2$, $n=3$, $n=4$ を代入して求めていく．
　$n=2$ を代入して，$32=2r+2$ から，$r=15$
　$n=3$ を代入して，$243=6q+93$ から，$q=25$
　$n=4$ を代入して，$1024=24p+784$ から，$p=10$

② ①より，

$$\sum_{n=1}^{\infty}\frac{n^5}{n!}$$

$$=\sum_{n=1}^{\infty}\frac{n(n-1)(n-2)(n-3)(n-4)}{n!}+\sum_{n=1}^{\infty}\frac{10n(n-1)(n-2)(n-3)}{n!}$$

$$+\sum_{n=1}^{\infty}\frac{25n(n-1)(n-2)}{n!}+\sum_{n=1}^{\infty}\frac{15n(n-1)}{n!}+\sum_{n=1}^{\infty}\frac{n}{n!}$$

$$=\sum_{n=5}^{\infty}\frac{1}{(n-5)!}+\sum_{n=4}^{\infty}\frac{10}{(n-4)!}+\sum_{n=3}^{\infty}\frac{25}{(n-3)!}+\sum_{n=2}^{\infty}\frac{15}{(n-2)!}+\sum_{n=1}^{\infty}\frac{1}{(n-1)!}$$

$$= \sum_{k=0}^{\infty} \frac{1}{k!} + \sum_{k=0}^{\infty} \frac{10}{k!} + \sum_{k=0}^{\infty} \frac{25}{k!} + \sum_{k=0}^{\infty} \frac{15}{k!} + \sum_{k=0}^{\infty} \frac{1}{k!}$$

$$= \sum_{k=0}^{\infty} \frac{1}{k!} + 10 \sum_{k=0}^{\infty} \frac{1}{k!} + 25 \sum_{k=0}^{\infty} \frac{1}{k!} + 15 \sum_{k=0}^{\infty} \frac{1}{k!} + \sum_{k=0}^{\infty} \frac{1}{k!}$$

ここで，$e^x = 1 + x + \frac{x^2}{2!} + \frac{x^3}{3!} + \frac{x^4}{4!} + \cdots = \sum_{k=0}^{\infty} \frac{x^k}{k!}$ から

$$e = 1 + 1 + \frac{1}{2!} + \frac{1}{3!} + \frac{1}{4!} + \cdots = \sum_{k=0}^{\infty} \frac{1}{k!}$$

である．したがって，

$$\sum_{n=1}^{\infty} \frac{n^5}{n!} = e + 10e + 25e + 15e + e = 52e$$

となる．

演習10 下の4次正方行列について，次の問いに答えなさい．

$$\begin{pmatrix} 0 & 1 & 0 & 0 \\ 1 & 0 & 1 & 0 \\ 0 & 1 & 0 & 1 \\ 0 & 0 & 1 & 0 \end{pmatrix}$$

① 固有多項式を求めなさい．
② 固有値を求めなさい．

解答 ① $\lambda^4 - 3\lambda^2 + 1$ ② $\frac{\sqrt{5}+1}{2}, \frac{\sqrt{5}-1}{2}, \frac{-\sqrt{5}+1}{2}, \frac{-\sqrt{5}-1}{2}$

解説

① $A = \begin{pmatrix} 0 & 1 & 0 & 0 \\ 1 & 0 & 1 & 0 \\ 0 & 1 & 0 & 1 \\ 0 & 0 & 1 & 0 \end{pmatrix}$ とおく．

固有多項式 $|A - \lambda E| = \begin{vmatrix} -\lambda & 1 & 0 & 0 \\ 1 & -\lambda & 1 & 0 \\ 0 & 1 & -\lambda & 1 \\ 0 & 0 & 1 & -\lambda \end{vmatrix}$

第2章 実践力養成レベル

行列式を展開して，

$$\begin{vmatrix} -\lambda & 1 & 0 & 0 \\ 1 & -\lambda & 1 & 0 \\ 0 & 1 & -\lambda & 1 \\ 0 & 0 & 1 & -\lambda \end{vmatrix} = -\lambda \begin{vmatrix} -\lambda & 1 & 0 \\ 1 & -\lambda & 1 \\ 0 & 1 & -\lambda \end{vmatrix} - \begin{vmatrix} 1 & 0 & 0 \\ 1 & -\lambda & 1 \\ 0 & 1 & -\lambda \end{vmatrix}$$

$$= -\lambda(-\lambda^3 + 2\lambda) - (\lambda^2 - 1) = \lambda^4 - 3\lambda^2 + 1$$

すなわち，固有多項式 $\lambda^4 - 3\lambda^2 + 1$ が得られる．

② 固有多項式 $=0$，すなわち $\lambda^4 - 3\lambda^2 + 1 = 0$ は，固有方程式で，その解が固有値である．固有方程式を解いて，固有値 $\lambda^2 = \dfrac{3 \pm \sqrt{5}}{2}$ が得られる．

（ⅰ）$\lambda^2 = \dfrac{3+\sqrt{5}}{2}$ のとき

$$\lambda^2 = \frac{3+\sqrt{5}}{2} = \frac{6+2\sqrt{5}}{4} = \frac{(1+\sqrt{5})^2}{2^2} \text{ なので，} \lambda = \pm \frac{1+\sqrt{5}}{2}$$

（ⅱ）$\lambda^2 = \dfrac{3-\sqrt{5}}{2}$ のとき

$$\lambda^2 = \frac{3-\sqrt{5}}{2} = \frac{6-2\sqrt{5}}{4} = \frac{(1-\sqrt{5})^2}{2^2} \text{ なので，} \lambda = \pm \frac{\sqrt{5}-1}{2}$$

よって，固有値 λ は以下の4つの値をとる．

$$\frac{\sqrt{5}+1}{2}, \quad \frac{\sqrt{5}-1}{2}, \quad \frac{-\sqrt{5}+1}{2}, \quad \frac{-\sqrt{5}-1}{2}$$

なお，$\lambda = \pm\sqrt{\dfrac{3+\sqrt{5}}{2}}$ や $\pm\sqrt{\dfrac{3-\sqrt{5}}{2}}$ という解答では，二重根号をはずしていないので不十分な解答とみなされる．

◇ 参 考（固有値，固有ベクトル）

一般的に，ベクトル X を行列 A で変換したとき，図2.4のように長さ（絶対値）や方向が変わる．

ところが，図2.5のように，行列 A で変換した AX が元の X と同方向のベクトルになる場合，以下の関係式が得られる．

$AX = \lambda X$

$AX - \lambda X = 0$

$(A - \lambda E)X = 0$ が，自明でない解 $X \neq 0$ をもつには，$|A - \lambda E| = 0$ である必要がある．$|A - \lambda E| = 0$ を固有方程式という．そして，このような解 X を固有ベクトル，λ を固有値という．なお，$|A - \lambda E|$ 自体は，固有多項式（特性多項式）という．

第2章　実践力養成レベル

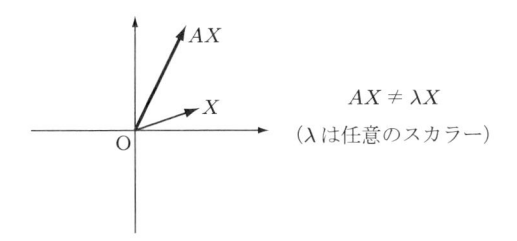

図 2.4　$AX \neq \lambda X$ のイメージ

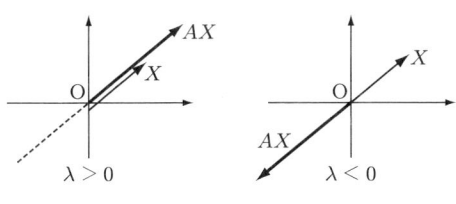

図 2.5　$AX = \lambda X$ のイメージ

　固有値，固有ベクトルの概念は非常に重要である．固有ベクトルを基底とする行列から行列 A を対角化できる．これは見方を変えれば，2 次形式を標準形とよばれる簡単な形に主軸変換できることに相当する．この主軸変換は，統計学で使われる主成分分析や画像認識に関する分野で，基本となる技術である．

演習11　下の連立方程式の解について，次の問いに答えなさい．

$$\begin{cases} ax + y + 2z = 1 \\ x + ay + 2z = a \\ x + 2y + az = a - 1 \end{cases}$$

①係数の行列式が 0 にならない条件を求め，そのときの解を求めなさい．

②係数の行列式が 0 になる場合の解を吟味しなさい．

解答　① $a \neq 1, 2, -3$，$x = \dfrac{-2(a-3)}{(a-2)(a+3)}$，$y = \dfrac{a(a-1)}{(a-2)(a+3)}$，$z = \dfrac{(a-3)(a+1)}{(a-2)(a+3)}$　　② $a = 1$ のとき，$x = 2 - 3\alpha$，$y = \alpha - 1$，$z = \alpha$（α は任意定数）．$a = 2$，$a = -3$ のとき，解はなし．

第2章 実践力養成レベル

◇◇解説

①係数の行列式が0にならない条件とは，連立方程式がただ一組の解をもつことである．係数行列を A とする．

$$|A| = \begin{vmatrix} a & 1 & 2 \\ 1 & a & 2 \\ 1 & 2 & a \end{vmatrix} \neq 0$$

行列式を展開すると，$a^3 - 7a + 6 = (a-1)(a-2)(a+3) \neq 0$ から，求める条件は $a \neq 1, 2, -3$ である．

クラーメルの公式から，

$$x = \frac{1}{|A|} \begin{vmatrix} 1 & 1 & 2 \\ a & a & 2 \\ a-1 & 2 & a \end{vmatrix} = \frac{2(a-3)(1-a)}{(a-1)(a-2)(a+3)} = \frac{-2(a-3)}{(a-2)(a+3)}$$

となり，同様に，

$$y = \frac{a(a-1)}{(a-2)(a+3)}, \quad z = \frac{(a-3)(a+1)}{(a-2)(a+3)}$$

となる．

②係数の行列式が0になる場合の解を吟味しなさい，という問いであるが，吟味するとは具体的にどうすることなのか，意味がつかめず戸惑うかもしれない．係数の行列式が0になる場合とは，解が不定や不能になることである．係数の行列式が0にならない場合とは，解をただ一組もつことであった．解をもってもただ一組でない場合は不定，解をまったくもたない場合は不能である．

そこで，$a = 1, 2, -3$ の3つの場合でそれぞれ，解をどのようにもつか調べればよい．
（i）$a = 1$ の場合

$$\begin{cases} x + y + 2z = 1 & \cdots(1) \\ x + y + 2z = 1 & \cdots(2) \\ x + 2y + z = 0 & \cdots(3) \end{cases}$$

式(1)と式(2)が一致してしまう．未知数3個で方程式が実質2個，すなわち，$3 - 2 = 1$ の自由度で解をもつ．自由度とは任意定数の個数のことであり，この場合は1個の定数で解を表せる．よって，$z = \alpha$（任意定数）とすれば，$y = \alpha - 1$，$x = 2 - 3\alpha$ で，不定．

第2章　実践力養成レベル

(ii) $a=2$ の場合

$$\begin{cases} 2x+y+2z=1 & \cdots(4) \\ x+2y+2z=2 & \cdots(5) \\ x+2y+2z=1 & \cdots(6) \end{cases}$$

式 (5) と式 (6) から，解をもたない．この場合は不能である．

(iii) $a=-3$ の場合

$$\begin{cases} -3x+y+2z=1 & \cdots(7) \\ x-3y+2z=-3 & \cdots(8) \\ x+2y-3z=-4 & \cdots(9) \end{cases}$$

式 (8) $\times 3+$ 式 (7) から，$y-z=1$

式 (9) $\times 3+$ 式 (7) から，$y-z=-\dfrac{11}{7}$

この場合も解は得られない．この場合も不能である．

◇ **参　考（行列の階数（rank）からの考察）**

$a=1, 2, -3$ それぞれの場合における，係数行列と拡大係数行列の階数（rank）を調べてみる．すなわち，両者の階数が等しければ解をもち（不定を含む），一致しなければ解をもたない（不能）ことがわかる．

◎ $a=1$ の場合

係数行列 $\begin{pmatrix} 1 & 1 & 2 \\ 1 & 1 & 2 \\ 1 & 2 & 1 \end{pmatrix}$，拡大係数行列 $\begin{pmatrix} 1 & 1 & 2 & 1 \\ 1 & 1 & 2 & 1 \\ 1 & 2 & 1 & 0 \end{pmatrix}$

係数行列の階数は，$\begin{vmatrix} 1 & 1 & 2 \\ 1 & 1 & 2 \\ 1 & 2 & 1 \end{vmatrix}=0$，小行列式 $\begin{vmatrix} 1 & 1 \\ 1 & 2 \end{vmatrix}=2-1=1\neq 0$ から 2．

拡大係数行列の階数は，以下のように拡大係数行列の基本変形を行って，2．

$$\begin{pmatrix} 1 & 1 & 2 & 1 \\ 1 & 1 & 2 & 1 \\ 1 & 2 & 1 & 0 \end{pmatrix} \Rightarrow \begin{pmatrix} 1 & 1 & 2 & 1 \\ 0 & 0 & 0 & 0 \\ 0 & 1 & -1 & -1 \end{pmatrix} \Rightarrow \begin{pmatrix} 1 & 1 & 2 & 1 \\ 0 & 1 & -1 & -1 \\ 0 & 0 & 0 & 0 \end{pmatrix}$$

このように，係数行列と拡大係数行列の階数は等しく，ともに 2 である．

すなわち，解はもつが，この場合，自由度 1（= 未知数の個数 − 階数 = 3 − 2）の不定となる．

◎ $a=2$ の場合

係数行列 $\begin{pmatrix} 2 & 1 & 2 \\ 1 & 2 & 2 \\ 1 & 2 & 2 \end{pmatrix}$，拡大係数行列 $\begin{pmatrix} 2 & 1 & 2 & 1 \\ 1 & 2 & 2 & 2 \\ 1 & 2 & 2 & 1 \end{pmatrix}$

第2章 実践力養成レベル

係数行列の階数は, $\begin{vmatrix} 2 & 1 & 2 \\ 1 & 2 & 2 \\ 1 & 2 & 2 \end{vmatrix} = 0$, $\begin{vmatrix} 2 & 1 \\ 1 & 2 \end{vmatrix} = 3 \neq 0$ から 2.

拡大係数行列の階数は, 小行列式 $\begin{vmatrix} 1 & 2 & 1 \\ 2 & 2 & 2 \\ 2 & 2 & 1 \end{vmatrix} = 2 \neq 0$ から 3.

よって, 係数行列と拡大係数行列の階数は異なり, 解はもたない (不能).

◎ $a = -3$ の場合

係数行列 $\begin{pmatrix} -3 & 1 & 2 \\ 1 & -3 & 2 \\ 1 & 2 & -3 \end{pmatrix}$, 拡大係数行列 $\begin{pmatrix} -3 & 1 & 2 & 1 \\ 1 & -3 & 2 & -3 \\ 1 & 2 & -3 & -4 \end{pmatrix}$

係数行列の階数は, $\begin{vmatrix} -3 & 1 & 2 \\ 1 & -3 & 2 \\ 1 & 2 & -3 \end{vmatrix} = 0$, $\begin{vmatrix} -3 & 1 \\ 1 & -3 \end{vmatrix} = 8 \neq 0$ から 2.

拡大係数行列の階数は, 小行列式 $\begin{vmatrix} 1 & 2 & 1 \\ -3 & 2 & -3 \\ 2 & -3 & -4 \end{vmatrix} = -48 \neq 0$ から 3.

よって, この場合も, 係数行列と拡大係数行列の階数は異なり, 解はもたない (不能).

演習12 定係数線形微分方程式 $y'' - y' - 2y = 4e^{-2x} + 10\sin x$ を初期条件 $y(0) = 2$, $y'(0) = 1$ のもとで解きなさい.

解答 $y = -2e^{-x} + 2e^{2x} + e^{-2x} - 3\sin x + \cos x$

◇解説

2階線形微分方程式 $y'' - y' - 2y = 4e^{-2x} + 10\sin x$ の一般解は, 同次方程式 $y'' - y' - 2y = 0$ の基本解2個と, 非同次方程式 $y'' - y' - 2y = 4e^{-2x} + 10\sin x$ の特殊解の和で示される. 特殊解を求めるには, ウォーミングアップレベル (練習問題5) でもふれているように, 微分方程式

$$y'' - y' - 2y = 4e^{-2x} + 10\sin x \qquad \cdots(1)$$

の右辺の関数形から, 特殊解を $y_p = Ae^{-2x} + B\sin x + C\cos x$ としてみる.

$y_p' = -2Ae^{-2x} + B\cos x - C\sin x$, $y_p'' = 4Ae^{-2x} - B\sin x - C\cos x$ なので, 式(1) に代入して,

$$4Ae^{-2x} - B\sin x - C\cos x + 2Ae^{-2x} - B\cos x + C\sin x$$
$$- 2Ae^{-2x} - 2B\sin x - 2C\cos x = 4e^{-2x} + 10\sin x$$

第2章 実践力養成レベル

となる．上式を整理して，

$$4Ae^{-2x} + (C - 3B)\sin x - (B + 3C)\cos x = 4e^{-2x} + 10\sin x$$

となり，左辺と右辺の係数を比較して，

$4A = 4$，すなわち $A = 1$
$C - 3B = 10$,
$B + 3C = 0$，すなわち $B = -3C$ を上式に代入して，
$C = 1$, $B = -3$

となる．したがって，特殊解 $y_p = e^{-2x} - 3\sin x + \cos x$ が得られる．

一方，同次方程式 $y'' - y' - 2y = 0$ の基本解は，特性方程式 $\lambda^2 - \lambda - 2 = (\lambda + 1) \times (\lambda - 2) = 0$ から $\lambda = -1, 2$，すなわち e^{-x}, e^{2x} の2つが得られる．

したがって，微分方程式の一般解は，同次方程式の2つの基本解の1次結合と非同次方程式の特殊解の和で，

$$y = C_1 e^{-x} + C_2 e^{2x} + e^{-2x} - 3\sin x + \cos x \quad (\text{定数 } C_1, \ C_2)$$

となる．定数 C_1, C_2 は，初期条件 $y(0) = 2$，$y'(0) = 1$ から以下のように定まる．

$$y(0) = C_1 + C_2 + 1 + 1 = 2 \text{ から } C_1 + C_2 = 0 \qquad \cdots(2)$$

また，$y' = -C_1 e^{-x} + 2C_2 e^{2x} - 2e^{-2x} - 3\cos x - \sin x$ であり，

$$y'(0) = -C_1 + 2C_2 - 2 - 3 = 1 \text{ から } -C_1 + 2C_2 = 6 \qquad \cdots(3)$$

式 (2) と式 (3) から，$C_1 = -2$，$C_2 = 2$ が得られ，微分方程式の一般解は，

$$y = -2e^{-x} + 2e^{2x} + e^{-2x} - 3\sin x + \cos x$$

として求められる．

◇ 参 考（別解）

ウォーミングアップレベル（練習問題5）でもふれたように，2階線形微分方程式 $y'' + p(x)y' + q(x)y = f(x)$ で $y'' + p(x)y' + q(x)y = 0$ の2つの基本解 y_1 と y_2 がわかったら，特殊解 y_p は以下のように求めることができた．

$$y_p = y_2(x) \int \frac{y_1(x) f(x)}{W[y_1, y_2]} \, dx - y_1(x) \int \frac{y_2(x) f(x)}{W[y_1, y_2]} \, dx$$

第2章 実践力養成レベル

ただし,$W[y_1, y_2]$ はロンスキアン(Wronskian)とよばれる行列式で,

$$W[y_1, y_2] = \begin{vmatrix} y_1 & y_2 \\ y_1' & y_2' \end{vmatrix} = y_1 y_2' - y_1' y_2$$

である.

この方法で特殊解 y_p を求めてみる.

$$y_1 = e^{-x}, \quad y_2 = e^{2x}, \quad f(x) = 4e^{-2x} + 10\sin x$$

ロンスキアン $W[y_1, y_2] = \begin{vmatrix} y_1 & y_2 \\ y_1' & y_2' \end{vmatrix} = \begin{vmatrix} e^{-x} & e^{2x} \\ -e^{-x} & 2e^{2x} \end{vmatrix} = 3e^x$ から,

$$y_p = e^{2x} \int \frac{e^{-x}(4e^{-2x} + 10\sin x)}{3e^x} dx - e^{-x} \int \frac{e^{2x}(4e^{-2x} + 10\sin x)}{3e^x} dx$$

$$= e^{-2x} + \frac{10}{3} e^{2x} \int e^{-2x} \sin x\, dx - \frac{10}{3} e^{-x} \int e^x \sin x\, dx$$

となる.ここで,$\displaystyle\int e^{-2x} \sin x\, dx = -\frac{e^{-2x}}{5}(\cos x + 2\sin x)$, $\displaystyle\int e^x \sin x\, dx = \frac{e^x}{2}(\sin x - \cos x)$ であるから,

$$y_p = e^{-2x} + \frac{10}{3} e^{2x} \left\{ -\frac{e^{-2x}}{5}(\cos x + 2\sin x) \right\} - \frac{10}{3} e^{-x} \left\{ \frac{e^x}{2}(\sin x - \cos x) \right\}$$

$$= e^{-2x} - \frac{2}{3}(\cos x + 2\sin x) - \frac{5}{3}(\sin x - \cos x)$$

となり,整理すると,特殊解 $y_p = e^{-2x} - 3\sin x + \cos x$ が得られる.

演習 13 次の計算をしなさい.

$$A_n = \sum_{\substack{i=1 \\ i>j}}^{n} \sum_{j=1}^{n} (i+j)$$

解 答 $A_n = \dfrac{1}{2}(n-1)n(n+1)$

解 説

$A_n = \displaystyle\sum_{\substack{i=1 \\ i>j}}^{n} \sum_{j=1}^{n} (i+j)$ で,

$j=1$ では,$\displaystyle\sum_{i=2}^{n}(i+1) = (2+1) + (3+1) + \cdots + (n+1)$

第2章 実践力養成レベル

$$j=2 \text{ では,} \quad \sum_{i=3}^{n}(i+2)=(3+2)+(4+2)+\cdots+(n+2)$$

$$\vdots$$

$$j=k \text{ では,} \quad \sum_{i=k+1}^{n}(i+k)=(k+1+k)+(k+2+k)+\cdots+(n+k)$$

となる．最後の式は，初項 $(2k+1)$，末項 $(n+k)$，項数 $(n-k)$ の等差数列の和であるから，

$$\sum_{i=k+1}^{n}(i+k)=\frac{(3k+n+1)(n-k)}{2}=\frac{-3k^2+(2n-1)k+n(n+1)}{2}$$

となり，この式について $k=1$ から n まで和をとると，A_n が得られる．すなわち，

$$A_n = -\frac{3}{2}\sum_{k=1}^{n}k^2 + \frac{2n-1}{2}\sum_{k=1}^{n}k + \frac{n(n+1)}{2}\sum_{k=1}^{n}k^0$$

$$= -\frac{3}{2}\frac{n(n+1)(2n+1)}{6} + \frac{2n-1}{2}\frac{n(n+1)}{2} + \frac{n^2(n+1)}{2}$$

$$= \left(-\frac{2n+1}{2} + \frac{2n-1}{2} + n\right)\frac{n(n+1)}{2} = \frac{1}{2}(n-1)n(n+1)$$

となる．

◇ 参 考

A_n は，たとえば $n=5$ では，条件 $i>j$ に注意して，

$$A_5 = \sum_{\substack{i=1\\i>j}}^{5}\sum_{j=1}^{5}(i+j) = \sum_{i=2}^{5}(i+1) + \sum_{i=3}^{5}(i+2) + \sum_{i=4}^{5}(i+3) + \sum_{i=5}^{5}(i+4)$$

$$\begin{aligned}
&= (2+1)+(3+1)+(4+1)+(5+1) \quad \leftarrow j=1 \text{ のとき} \\
&\quad +(3+2)+(4+2)+(5+2) \quad \leftarrow j=2 \text{ のとき} \\
&\quad +(4+3)+(5+3) \quad \leftarrow j=3 \text{ のとき} \\
&\quad +(5+4) \quad \leftarrow j=4 \text{ のとき} \\
&= 60
\end{aligned}$$

となる．

実際に，$n=5$ では，$A_5 = \frac{1}{2} \times 4 \times 5 \times 6 = 60$ となって，値は一致する．

第2章　実践力養成レベル

演習14　平面上の領域 D（正方形）が次のように与えられています．

$$D = \{(x, y) \mid 0 \leqq x \leqq 1,\ 0 \leqq y \leqq 1\}$$

このとき次の2重積分を計算しなさい．

$$\iint_D |x-y|^{-\frac{2}{3}}\, dx\, dy$$

解　答　$\dfrac{9}{2}$

◆解　説

領域 D を，図2.6のように xy 座標平面上の2領域 A，B に分割して考える．

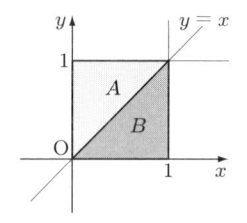

図2.6　領域 D（= 領域 A + 領域 B）

領域 A では，$0 \leqq x \leqq 1$，$x \leqq y \leqq 1$

領域 B では，$0 \leqq x \leqq 1$，$0 \leqq y \leqq x$

であり，$|x-y|^{-\frac{2}{3}}$ は領域 A では $(y-x)^{-\frac{2}{3}}$，領域 B では $(x-y)^{-\frac{2}{3}}$ になるので，

$$\iint_D |x-y|^{-\frac{2}{3}}\, dx\, dy = \iint_A (y-x)^{-\frac{2}{3}}\, dx\, dy + \iint_B (x-y)^{-\frac{2}{3}}\, dx\, dy$$

と表される．領域 A では，

$$\iint_A (y-x)^{-\frac{2}{3}}\, dx\, dy = \int_0^1 \int_x^1 (y-x)^{-\frac{2}{3}}\, dy\, dx = \int_0^1 3(1-x)^{\frac{1}{3}}\, dx$$

$$= -3 \cdot \frac{3}{4}\bigl[(1-x)^{\frac{4}{3}}\bigr]_0^1 = \frac{9}{4}$$

となり，同様に，領域 B でも

$$\iint_B (x-y)^{-\frac{2}{3}}\,dx\,dy = \int_0^1 \int_0^x (x-y)^{-\frac{2}{3}}\,dy\,dx = \int_0^1 3x^{\frac{1}{3}}\,dx = \frac{9}{4}$$

となる. すなわち, $\iint_D |x-y|^{-\frac{2}{3}}\,dx\,dy = \dfrac{9}{4} + \dfrac{9}{4} = \dfrac{9}{2}$ である.

演習15 座標平面上の 2 点 $A(a,0)$, $B(0,b)$ ($a>0$, $b>0$) と原点 O を頂点とする直角三角形のつくる領域を D とします. D 上で一様分布する 2 次元の確率変数 (X,Y) の相関係数 $\rho(X,Y)$ を求めたいと思います. これを次の①~③の手続きにしたがって計算しなさい.
① この確率変数の密度関数 $f(x,y)$ を求めなさい.
② 平均 $E(X)$, $E(Y)$ と分散 $\sigma_X{}^2$, $\sigma_Y{}^2$ を求めなさい.
③ 上記の値を使って, 相関係数 $\rho(X,Y)$ を求めなさい.

解答
① $f(x,y) = \begin{cases} \dfrac{2}{ab} & ((x,y) \in D \text{ のとき}) \\ 0 & ((x,y) \notin D \text{ のとき}) \end{cases}$

② $\begin{cases} E(X) = \dfrac{a}{3}, \quad E(Y) = \dfrac{b}{3} \\ \sigma_X{}^2 = \dfrac{a^2}{18}, \quad \sigma_Y{}^2 = \dfrac{b^2}{18} \end{cases}$ ③ $-\dfrac{1}{2}$

解説

① 確率変数が直角三角形 OAB の面積 $ab/2$ 上に一様分布していることより, 密度関数 $f(x,y)$ は,

$$f(x,y) = \begin{cases} \dfrac{2}{ab} & ((x,y) \in D \text{ のとき}) \\ 0 & ((x,y) \notin D \text{ のとき}) \end{cases}$$

と得られる.

② $D : 0 \leqq x \leqq a,\ 0 \leqq y \leqq b\left(1 - \dfrac{x}{a}\right)$ に注意して (図 2.7),

$$E(X) = \iint_D x f(x,y)\,dx\,dy$$
$$= \frac{2}{ab}\int_0^a x \int_0^{b\left(1-\frac{x}{a}\right)} dy\,dx = \frac{2}{ab}\int_0^a xb\left(1 - \frac{x}{a}\right)dx$$

第2章 実践力養成レベル

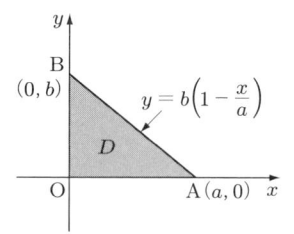

図 2.7 領域 D(直角三角形 OAB)

$$= \frac{2}{a}\int_0^a \left(x - \frac{x^2}{a}\right)dx = \frac{2}{a}\left[\frac{x^2}{2} - \frac{x^3}{3a}\right]_{x=0}^{x=a} = \frac{2}{a}\left(\frac{a^2}{2} - \frac{a^2}{3}\right) = \frac{a}{3}$$

$$E(X^2) = \iint_D x^2 f(x,y)\,dx\,dy = \frac{2}{ab}\int_0^a x^2 \int_0^{b\left(1-\frac{x}{a}\right)} dy\,dx$$

$$= \frac{2}{ab}\int_0^a x^2 b\left(1 - \frac{x}{a}\right)dx = \frac{2}{a}\int_0^a \left(x^2 - \frac{x^3}{a}\right)dx$$

$$= \frac{2}{a}\left[\frac{x^3}{3} - \frac{x^4}{4a}\right]_{x=0}^{x=a} = \frac{2}{a}\left(\frac{a^3}{3} - \frac{a^3}{4}\right) = \frac{a^2}{6}$$

となる.これより,

$$\sigma_X{}^2 = E(X^2) - \{E(X)\}^2 = \frac{a^2}{6} - \left(\frac{a}{3}\right)^2 = \frac{a^2}{18}$$

が得られる.また,a と b を入れ替えることにより $E(Y) = \dfrac{b}{3}$,$E(Y^2) = \dfrac{b^2}{6}$,$\sigma_Y{}^2 = \dfrac{b^2}{18}$ が得られる.

③ $E(XY) = \iint_D xy f(x,y)\,dx\,dy$

$$= \frac{2}{ab}\int_0^a x \int_0^{b\left(1-\frac{x}{a}\right)} y\,dy\,dx = \frac{2}{ab}\int_0^a x\left[\frac{y^2}{2}\right]_{y=0}^{y=b\left(1-\frac{x}{a}\right)} dx$$

$$= \frac{b}{a}\int_0^a x\left(1 - \frac{x}{a}\right)^2 dx = \frac{b}{a}\int_0^a \left(x - \frac{2x^2}{a} + \frac{x^3}{a^2}\right)dx$$

$$= \frac{b}{a}\left[\frac{x^2}{2} - \frac{2x^3}{3a} + \frac{x^4}{4a^2}\right]_{x=0}^{x=a} = \frac{b}{a}\left(\frac{a^2}{2} - \frac{2a^2}{3} + \frac{a^2}{4}\right)$$

$$= \frac{ab}{12}$$

第2章　実践力養成レベル

であり，共分散は

$$\mathrm{Cov}(X,Y) = E(XY) - E(X)\cdot E(Y) = \frac{ab}{12} - \frac{a}{3}\cdot\frac{b}{3} = -\frac{ab}{36}$$

である．ゆえに，相関係数は，

$$\rho(X,Y) = \frac{\mathrm{Cov}(X,Y)}{\sigma_X \cdot \sigma_Y} = \frac{-\dfrac{ab}{36}}{\dfrac{a}{\sqrt{18}}\cdot\dfrac{b}{\sqrt{18}}} = -\frac{ab}{36}\cdot\frac{18}{ab} = -\frac{1}{2}$$

となる．

▶ 練 習 問 題 ◀

1　次の分数は約分できますか．できるならば，約分してもっとも簡単な分数で表し，できないならば「約分できない」と答えなさい．

$$\frac{10033}{12877}$$

2　次の式を展開整理して因数分解しなさい．

$$(x+y+z)(-x^2-y^2-z^2+2xy+2yz+2zx) - 8xyz$$

3　$\left(1-\sqrt[3]{2}+\sqrt[3]{4}\right)^3$ を簡単にしなさい．

4　級数 $\displaystyle\sum_{n=0}^{\infty}(-1)^n\frac{1}{3^n}\cos^3 3^n x$ について，次の問いに答えなさい．

　① 第 n 項までの部分和 S_n を求めなさい．

　② 和 $\displaystyle\lim_{n\to\infty} S_n$ を求めなさい．

5　$\displaystyle\sqrt[3]{6+\sqrt{\frac{980}{27}}} + \sqrt[3]{6-\sqrt{\frac{980}{27}}}$ について次の問いに答えなさい．

　① この数はある3次の代数方程式の解の1つです．この方程式を求めなさい．

　② ①で求めた方程式をもとに上の数を簡単にしなさい．

第2章 実践力養成レベル

6 級数 $\displaystyle\sum_{n=1}^{\infty} \tan^{-1}\frac{1}{n^2+n+1}$ について，次の問いに答えなさい．ただし，$\tan^{-1}$ は $\tan$ の逆関数で $-\dfrac{\pi}{2}$ と $\dfrac{\pi}{2}$ の間の値をとるものとします．

① この級数の部分和 S_n を求めなさい．
② この級数の和を求めなさい．

7 $D = \{(x, y) \mid 0 \leqq x - y \leqq 1, \; 0 \leqq x + y \leqq 1\}$ とするとき，二重積分

$$\iint_D (x^2 - y^2)\tan^{-1}(x+y)\,dx\,dy$$

を計算しなさい．

8 下の行列 A について，次の問いに答えなさい．

$$A = \begin{bmatrix} 1 & 2 & 2 \\ 2 & 1 & 2 \\ 2 & 2 & 1 \end{bmatrix}$$

① ある定数 a, b によって，$A^2 = aA + bE$（E は単位行列）と表されます．この定数 a, b を求めなさい．
② A^5 を求めなさい．

9 次の微分方程式の解で，初期条件 $x = \dfrac{\pi}{6}$ のとき $y = \dfrac{5}{8}$ を満たすものを求めなさい．

$$\frac{1}{\cos x}\frac{dy}{dx} + \frac{3}{\sin x}y = 1 \quad \left(0 < x < \frac{\pi}{2}\right)$$

10 確率変数 X が平均 30，分散 100 の正規分布に従うとき，$P(23 \leqq X \leqq 48)$ の値を，下の表の値を用いて計算しなさい．ただし，下の表は確率変数 Z が平均 0，分散 1 の正規分布に従うときの $P(0 \leqq Z \leqq \alpha)$ の値を表します．

α	0.1	0.2	0.3	0.4	0.5	0.6	0.7	0.8	0.9	1.0
$P(0 \leqq Z \leqq \alpha)$	0.0398	0.0793	0.1179	0.1554	0.1915	0.2257	0.2580	0.2881	0.3159	0.3413
α	1.1	1.2	1.3	1.4	1.5	1.6	1.7	1.8	1.9	2.0
$P(0 \leqq Z \leqq \alpha)$	0.3643	0.3849	0.4032	0.4192	0.4332	0.4452	0.4554	0.4641	0.4713	0.4772
α	2.1	2.2	2.3	2.4	2.5	2.6	2.7	2.8	2.9	3.0
$P(0 \leqq Z \leqq \alpha)$	0.4821	0.4861	0.4893	0.4918	0.4938	0.4953	0.4965	0.4974	0.4981	0.4987

Chapter 3 総仕上げレベル

演習 1 次の連立方程式の解をすべて求めなさい．
$$\begin{cases} xy^2 + xy^4 = 90 \\ xy^5 + xy^7 = 2430 \end{cases}$$

解 答 $(x, y) = (1, 3),\ \left(-\dfrac{10(5 \pm 4\sqrt{3}\,i)}{73}, \dfrac{-3 \pm 3\sqrt{3}\,i}{2}\right)$ （複号同順）

❖ 解 説

$$\begin{cases} xy^2 + xy^4 = 90 & \cdots(1) \\ xy^5 + xy^7 = 2430 & \cdots(2) \end{cases}$$

とおく．式 (1), (2) を変形すると，

$$\begin{cases} xy^2(1 + y^2) = 90 & \cdots(1)' \\ xy^5(1 + y^2) = 2430 & \cdots(2)' \end{cases}$$

となる．式 (2)′ を変形すると，

$$xy^2(1 + y^2)y^3 = 2430$$

となり，式 (1)′ を代入して，$90y^3 = 2430$ となる．よって，

$$y^3 = 27\ (= 3^3)$$
$$(y - 3)(y^2 + 3y + 9) = 0$$

から，y は $y = 3,\ \dfrac{-3 \pm 3\sqrt{3}\,i}{2}$ の 3 つの値をとる．

（ⅰ）$y = 3$ のとき
　式 (1)′ に代入して，$x = 1$

（ⅱ）$y = \dfrac{-3 + 3\sqrt{3}\,i}{2}$ のとき
　$y^2 + 3y + 9 = 0$ から，$y^2 = -3y - 9$ となる．これを式 (1)′ に代入して，

第3章　総仕上げレベル

$$x(3y+9)(3y+8) = 90$$

$$x(9y^2 + 51y + 72) = 90$$

となる．さらに，$y^2 = -3y - 9$ を代入すると，

$$x(8y - 3) = 30$$

となり，$y = \dfrac{-3 + 3\sqrt{3}\,i}{2}$ を代入して，

$$x(-15 + 12\sqrt{3}\,i) = 30$$

$$x = \dfrac{10}{-5 + 4\sqrt{3}\,i} = -\dfrac{10(5 + 4\sqrt{3}\,i)}{73}$$

が得られる．

(iii) $y = \dfrac{-3 - 3\sqrt{3}\,i}{2}$ のとき

同様に，$x(8y - 3) = 30$ に $y = \dfrac{-3 - 3\sqrt{3}\,i}{2}$ を代入して，

$$x = -\dfrac{10}{5 + 4\sqrt{3}\,i} = -\dfrac{10(5 - 4\sqrt{3}\,i)}{73}$$

となる．

演習2　次の式を展開整理して，因数分解した形を求めなさい．
$$(x + y + z + x^2 + y^2 + z^2 + xy + yz + zx - xyz)^2$$
$$+ (1 - x^2 - y^2 - z^2 + 2xyz)(1 + x + y + z)^2$$

解答　$(x+1)^2(y+1)^2(z+1)^2$

❖ **解説**

まともに展開しても正解に至るのは困難だろう．そこで，$x,\ y,\ z$ の基本対称式を $\varphi_1 = x + y + z,\ \varphi_2 = xy + yz + zx,\ \varphi_3 = xyz$ とおいて展開する．

$x^2 + y^2 + z^2 = \varphi_1{}^2 - 2\varphi_2$ となるから，

$$与式 = (\varphi_1 + \varphi_1{}^2 - 2\varphi_2 + \varphi_2 - \varphi_3)^2 + (1 - \varphi_1{}^2 - 2\varphi_2 + 2\varphi_3)(1 + \varphi_1)^2$$

第3章 総仕上げレベル

$$= (\varphi_1 + \varphi_1{}^2 - \varphi_2 - \varphi_3)^2 + (1 - \varphi_1{}^2 + 2\varphi_2 + 2\varphi_3)(1+\varphi_1)^2$$

$$= \{\varphi_1(1+\varphi_1) - (\varphi_2 + \varphi_3)\}^2 + \{(1-\varphi_1)(1+\varphi_1) + 2(\varphi_2+\varphi_3)\}(1+\varphi_1)^2$$

となる．ここで，$1+\varphi_1 = A$, $\varphi_2 + \varphi_3 = B$ とおけば，

$$\begin{aligned}
与式 &= \{(A-1)A - B\}^2 + \{A(2-A) + 2B\}A^2 \\
&= A^2(A-1)^2 - 2AB(A-1) + B^2 + A^3(2-A) + 2A^2 B \\
&= A^2(A^2 - 2A + 1) - 2A^2 B + 2AB + B^2 + 2A^3 - A^4 + 2A^2 B \\
&= \cancel{A^4} - \cancel{2A^3} + A^2 - \cancel{2A^2 B} + 2AB + B^2 + \cancel{2A^3} - \cancel{A^4} + \cancel{2A^2 B} \\
&= A^2 + 2AB + B^2 \\
&= (A+B)^2 = (1 + \varphi_1 + \varphi_2 + \varphi_3)^2
\end{aligned}$$

となる．元に戻して，

$$\begin{aligned}
与式 &= (1 + x + y + z + xy + yz + zx + xyz)^2 \\
&= \{(x+1)(y+1)(z+1)\}^2 \\
&= (x+1)^2 (y+1)^2 (z+1)^2
\end{aligned}$$

が得られる．

演習3 $x^{14} + x^7 + 1$ を係数が実数の範囲で因数分解しなさい．

解答 $(x^2 + x + 1)\left(x^2 - 2\cos\dfrac{2\pi}{21}x + 1\right)\left(x^2 - 2\cos\dfrac{4\pi}{21}x + 1\right) \times$
$\left(x^2 - 2\cos\dfrac{8\pi}{21}x + 1\right)\left(x^2 - 2\cos\dfrac{10\pi}{21}x + 1\right)\left(x^2 - 2\cos\dfrac{16\pi}{21}x + 1\right) \times$
$\left(x^2 - 2\cos\dfrac{20\pi}{21}x + 1\right)$

◈**解説**

$x^{14} + x^7 + 1 = 0$ において，$X = x^7$ とおけば，

$$X^2 + X + 1 = 0 \qquad \cdots (1)$$

となる．式 (1) を解いて，

$$X = \frac{-1 \pm \sqrt{3}\,i}{2} = \cos\left(\frac{2}{3}\pi + 2k\pi\right) \pm i\sin\left(\frac{2}{3}\pi + 2k\pi\right) \quad (k \text{ は整数})$$

第3章 総仕上げレベル

が得られ，$X = x^7$ から，

$$x = \cos\frac{1}{7}\left(\frac{2}{3} + 2k\right)\pi \pm i\sin\frac{1}{7}\left(\frac{2}{3} + 2k\right)\pi$$
$$= \cos\left(\frac{2}{21} + \frac{2k}{7}\right)\pi \pm i\sin\left(\frac{2}{21} + \frac{2k}{7}\right)\pi \quad (k = 0, 1, 2, 3, 4, 5, 6)$$

となる．ここで，図3.1のように

$$x_k{}^+ = \cos\left(\frac{2}{21} + \frac{2k}{7}\right)\pi + i\sin\left(\frac{2}{21} + \frac{2k}{7}\right)\pi = \cos\theta_k + i\sin\theta_k$$

$$x_k{}^- = \cos\left(\frac{2}{21} + \frac{2k}{7}\right)\pi - i\sin\left(\frac{2}{21} + \frac{2k}{7}\right)\pi = \cos\theta_k - i\sin\theta_k$$

$$\theta_k = \left(\frac{2}{21} + \frac{2k}{7}\right)\pi = \left(\frac{2 + 6k}{21}\right)\pi \quad (k = 0, 1, 2, 3, 4, 5, 6)$$

とおくと，

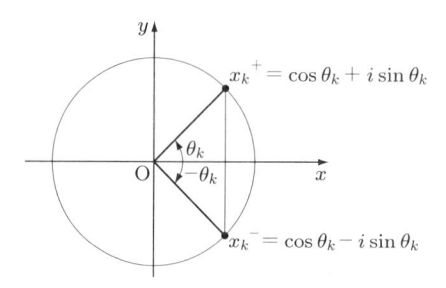

図3.1 複素数平面における $x_k{}^+$，$x_k{}^-$

$$x^{14} + x^7 + 1 = (x - x_0{}^+)(x - x_0{}^-)(x - x_1{}^+)(x - x_1{}^-)(x - x_2{}^+)(x - x_2{}^-)(x - x_3{}^+)$$
$$\times (x - x_3{}^-)(x - x_4{}^+)(x - x_4{}^-)(x - x_5{}^+)(x - x_5{}^-)(x - x_6{}^+)(x - x_6{}^-)$$

すなわち，

$$x^{14} + x^7 + 1 = \prod_{k=0}^{6}(x - x_k{}^+)(x - x_k{}^-)$$
$$= \prod_{k=0}^{6}\{x - (\cos\theta_k + i\sin\theta_k)\}\{x - (\cos\theta_k - i\sin\theta_k)\}$$
$$= \prod_{k=0}^{6}\{(x - \cos\theta_k)^2 + \sin^2\theta_k\}$$

第3章 総仕上げレベル

$$= \prod_{k=0}^{6}(x^2 - 2x\cos\theta_k + 1)$$

となる．それぞれの因数 $(x^2 - 2x\cos\theta_k + 1)$ を調べると，

$k=0$ のとき， $x^2 - 2x\cos\theta_0 + 1 = x^2 - 2x\cos\dfrac{2\pi}{21} + 1$

$k=1$ のとき， $x^2 - 2x\cos\theta_1 + 1 = x^2 - 2x\cos\dfrac{8\pi}{21} + 1$

$k=2$ のとき， $x^2 - 2x\cos\theta_2 + 1 = x^2 - 2x\cos\dfrac{2\pi}{3} + 1 = x^2 + x + 1$

$k=3$ のとき， $x^2 - 2x\cos\theta_3 + 1 = x^2 - 2x\cos\dfrac{20\pi}{21} + 1$

$k=4$ のとき， $x^2 - 2x\cos\theta_4 + 1 = x^2 - 2x\cos\dfrac{26\pi}{21} + 1 = x^2 - 2x\cos\dfrac{16\pi}{21} + 1$

$k=5$ のとき， $x^2 - 2x\cos\theta_5 + 1 = x^2 - 2x\cos\dfrac{32\pi}{21} + 1 = x^2 - 2x\cos\dfrac{10\pi}{21} + 1$

$k=6$ のとき， $x^2 - 2x\cos\theta_6 + 1 = x^2 - 2x\cos\dfrac{38\pi}{21} + 1 = x^2 - 2x\cos\dfrac{4\pi}{21} + 1$

であるから，結果として，

$$\begin{aligned}
x^{14}+x^7+1 &= \prod_{k=0}^{6}(x^2 - 2x\cos\theta_k + 1) \\
&= (x^2+x+1)\left(x^2 - 2\cos\dfrac{2\pi}{21}x + 1\right)\left(x^2 - 2\cos\dfrac{4\pi}{21}x + 1\right) \\
&\quad \times \left(x^2 - 2\cos\dfrac{8\pi}{21}x + 1\right)\left(x^2 - 2\cos\dfrac{10\pi}{21}x + 1\right) \\
&\quad \times \left(x^2 - 2\cos\dfrac{16\pi}{21}x + 1\right)\left(x^2 - 2\cos\dfrac{20\pi}{21}x + 1\right)
\end{aligned}$$

が得られる．

◇ **参　考（別解）**

本問は，以下のように考えることもできる．

$x^{14}+x^7+1=0$ とすると，$(x^7-1)(x^{14}+x^7+1)=0$

すなわち，$x^{21}-1=0$ となる．これは，複素数平面上で単位円を21等分した点から，$x^7-1=0$ の解を除いたものと考えられる．

第3章 総仕上げレベル

$x^{21} - 1 = 0$ の解は,$\theta_k = \dfrac{2k}{21}\pi$ として,

$$x_k = \cos\theta_k + i\sin\theta_k = e^{i\theta_k} \quad (k = 0,\ 1,\ 2,\ 3,\ \ldots,\ 20) \qquad \cdots(2)$$

である.式 (2) で,

$$k=0 \text{ のとき},\ x_0 = 1, \quad k=1 \text{ のとき},\ x_1 = \cos\dfrac{2\pi}{21} + i\sin\dfrac{2\pi}{21} = e^{i\frac{2}{21}\pi}$$

$$k=2 \text{ のとき},\ x_2 = e^{i\frac{4}{21}\pi}, \quad k=3 \text{ のとき},\ x_3 = e^{i\frac{6}{21}\pi} = e^{i\frac{2}{7}\pi}$$

$$k=4 \text{ のとき},\ x_4 = e^{i\frac{8}{21}\pi}, \quad k=5 \text{ のとき},\ x_5 = e^{i\frac{10}{21}\pi}$$

$$k=6 \text{ のとき},\ x_6 = e^{i\frac{12}{21}\pi} = e^{i\frac{4}{7}\pi}$$

$$\vdots$$

$$k=19 \text{ のとき},\ x_{19} = e^{i\frac{38}{21}\pi}, \quad k=20 \text{ のとき},\ x_{20} = e^{i\frac{40}{21}\pi}$$

となる.一方,$x^7 - 1 = 0$ の解は,$x_m = \cos\dfrac{2m}{7}\pi + i\sin\dfrac{2m}{7}\pi = e^{i\frac{2m}{7}\pi}$ ($m = 0,\ 1,\ 2,\ 3,\ 4,\ 5,\ 6$) であり,上記の解から,$k = 0,\ 3,\ 6,\ 9,\ 12,\ 15,\ 18$ を除くと,

$$\begin{aligned}
x^{14} + x^7 + 1 &= (x - x_1)(x - x_2)(x - x_4)(x - x_5)(x - x_7)(x - x_8)(x - x_{10})(x - x_{11}) \\
&\quad \times (x - x_{13})(x - x_{14})(x - x_{16})(x - x_{17})(x - x_{19})(x - x_{20})
\end{aligned}$$

となる.そこで,$\theta_k + \theta_{21-k} = \dfrac{2k}{21}\pi + \dfrac{2(21-k)}{21} = 2\pi$ ($k = 1,\ 2,\ 4,\ 5,\ 7,\ 8,\ 10$) に注意して,$(x - x_k)(x - x_{21-k})$ をそれぞれ計算すると,

$$k=1 \text{ のとき},\ (x - x_1)(x - x_{20}) = \left(x - e^{i\frac{2}{21}\pi}\right)\left(x - e^{i\frac{40}{21}\pi}\right)$$

$$= \left(x - e^{i\frac{2}{21}\pi}\right)\left(x - e^{-i\frac{2}{21}\pi}\right) = x^2 - 2\cos\dfrac{2\pi}{21}x + 1$$

となる.以下,計算を続けて,

$$k=2 \text{ のとき},\ (x - x_2)(x - x_{19}) = \left(x - e^{i\frac{4}{21}\pi}\right)\left(x - e^{-i\frac{4}{21}\pi}\right) = x^2 - 2\cos\dfrac{4\pi}{21}x + 1$$

$$k=4 \text{ のとき},\ (x - x_4)(x - x_{17}) = \left(x - e^{i\frac{8}{21}\pi}\right)\left(x - e^{-i\frac{8}{21}\pi}\right) = x^2 - 2\cos\dfrac{8\pi}{21}x + 1$$

$$k=5 \text{ のとき},\ (x - x_5)(x - x_{16}) = \left(x - e^{i\frac{10}{21}\pi}\right)\left(x - e^{-i\frac{10}{21}\pi}\right) = x^2 - 2\cos\dfrac{10\pi}{21}x + 1$$

$$k=7 \text{ のとき},\ (x - x_7)(x - x_{14}) = \left(x - e^{i\frac{14}{21}\pi}\right)\left(x - e^{-i\frac{14}{21}\pi}\right) = x^2 - 2\cos\dfrac{2\pi}{3}x + 1$$

$$= x^2 + x + 1$$

第3章 総仕上げレベル

$k=8$ のとき, $(x-x_8)(x-x_{13}) = \left(x-e^{i\frac{16}{21}\pi}\right)\left(x-e^{-i\frac{16}{21}\pi}\right) = x^2 - 2\cos\frac{16\pi}{21}x + 1$

$k=10$ のとき, $(x-x_{10})(x-x_{11}) = \left(x-e^{i\frac{20}{21}\pi}\right)\left(x-e^{-i\frac{20}{21}\pi}\right) = x^2 - 2\cos\frac{20\pi}{21}x + 1$

となるから, 解が得られる.

演習4

$\sum_{k=1}^{\infty} \dfrac{k^3}{k!}$ を求めなさい.

解 答　　$5e$

◆**解 説**

まずは, 式を展開してみる.

$$\sum_{k=1}^{\infty} \frac{k^3}{k!} = \frac{1^3}{1!} + \frac{2^3}{2!} + \frac{3^3}{3!} + \frac{4^3}{4!} + \frac{5^3}{5!} + \cdots$$

$$= 1 + \frac{2^2}{1!} + \frac{3^2}{2!} + \frac{4^2}{3!} + \frac{5^2}{4!} + \cdots$$

$$e^x = 1 + x + \frac{x^2}{2!} + \frac{x^3}{3!} + \cdots$$

から

$$e = \sum_{n=0}^{\infty} \frac{1}{n!} = 1 + 1 + \frac{1}{2!} + \frac{1}{3!} + \cdots$$

を利用できないか検討する.

$$\sum_{k=1}^{\infty} \frac{k^3}{k!} = \sum_{k=1}^{\infty} \frac{k^3}{k(k-1)!} = \sum_{k=1}^{\infty} \frac{k^2}{(k-1)!}$$

であり, $k-1=l$ とおくと, $k=l+1$ なので,

$$\sum_{k=1}^{\infty} \frac{k^2}{(k-1)!} = \sum_{l=0}^{\infty} \frac{(l+1)^2}{l!} = \sum_{l=0}^{\infty} \frac{l^2+2l+1}{l!}$$

$$= \sum_{l=0}^{\infty} \frac{l^2}{l!} + 2\sum_{l=0}^{\infty} \frac{l}{l!} + \sum_{l=0}^{\infty} \frac{1}{l!} \quad \cdots(1)$$

第3章 総仕上げレベル

となる．式 (1) の右辺を第 1 項，第 2 項，第 3 項とそれぞれ分けて考えてみる．

- 第 3 項は， $\displaystyle\sum_{l=0}^{\infty} \frac{1}{l!} = e$

- 第 2 項は， $\displaystyle 2\sum_{l=0}^{\infty} \frac{l}{l!} = 2\sum_{l=1}^{\infty} \frac{l}{l!} = 2\sum_{l=1}^{\infty} \frac{1}{(l-1)!}$

  ここで，$l-1 = m$ とおけば，$l = m+1$ となって，

  $$2\sum_{l=0}^{\infty} \frac{l}{l!} = 2\sum_{m=0}^{\infty} \frac{1}{m!} = 2e \qquad \cdots(2)$$

- 第 1 項は， $\displaystyle\sum_{l=0}^{\infty} \frac{l^2}{l!} = \sum_{l=1}^{\infty} \frac{l^2}{l!} = \sum_{l=1}^{\infty} \frac{l}{(l-1)!}$

  ここで，$l-1 = m$ とおけば，$l = m+1$ となって，

  $$\sum_{l=0}^{\infty} \frac{l^2}{l!} = \sum_{m=0}^{\infty} \frac{m+1}{m!} = \sum_{m=0}^{\infty} \frac{m}{m!} + \sum_{m=0}^{\infty} \frac{1}{m!} = e + e = 2e$$

  $$\left(\because \text{式 (2) より } \sum_{m=0}^{\infty} \frac{m}{m!} = e\right)$$

したがって，

$$\sum_{k=1}^{\infty} \frac{k^3}{k!} = 2e + 2e + e = 5e$$

が得られる．

別 解

もし，実践力養成レベル**演習 9** の手法を活用すると，次のようにきわめて簡単に解ける．

$$k^3 = k(k-1)(k-2) + pk(k-1) + k \qquad \cdots(3)$$

とおき，式 (3) が k についての恒等式になるように，p の値を定める．

$k=2$ を代入すると，$8 = 2p + 2$．すなわち，$p = 3$．

よって，$k^3 = k(k-1)(k-2) + 3k(k-1) + k$ から，

第**3**章　総仕上げレベル

$$\sum_{k=1}^{\infty} \frac{k^3}{k!} = \sum_{k=1}^{\infty} \frac{k(k-1)(k-2)}{k!} + \sum_{k=1}^{\infty} \frac{3k(k-1)}{k!} + \sum_{k=1}^{\infty} \frac{k}{k!}$$

$$= \sum_{k=3}^{\infty} \frac{1}{(k-3)!} + \sum_{k=2}^{\infty} \frac{3}{(k-2)!} + \sum_{k=1}^{\infty} \frac{1}{(k-1)!}$$

となる. $\sum_{k=0}^{\infty} \frac{1}{k!} = e$ を使って,

$$\sum_{k=1}^{\infty} \frac{k^3}{k!} = \sum_{k=0}^{\infty} \frac{1}{k!} + \sum_{k=0}^{\infty} \frac{3}{k!} + \sum_{k=0}^{\infty} \frac{1}{k!} = e + 3e + e = 5e$$

となる.

演習5　次の級数が収束するような実数 x の値の範囲を求めなさい.

$$\sum_{n=1}^{\infty} \frac{3^n}{\sqrt[3]{n}} x^n$$

解答　$-\frac{1}{3} \leq x < \frac{1}{3}$

解説

まず, 整級数の収束半径を求める.
$\sum_{n=1}^{\infty} \frac{3^n}{\sqrt[3]{n}} x^n = \sum_{n=1}^{\infty} a_n x^n$ とおくと, $a_n = \frac{3^n}{\sqrt[3]{n}} = \frac{3^n}{n^{\frac{1}{3}}}$ なので,

$$\lim_{n \to \infty} \sqrt[n]{|a_n|} = \lim_{n \to \infty} \left(\frac{3^n}{n^{\frac{1}{3}}} \right)^{\frac{1}{n}} = \lim_{n \to \infty} \frac{3}{\left(n^{\frac{1}{n}} \right)^3} = 3$$

もしくは,

$$\lim_{n \to \infty} \frac{|a_{n+1}|}{|a_n|} = \lim_{n \to \infty} \frac{3^{n+1}}{3^n} \left(\frac{n}{n+1} \right)^{\frac{1}{3}} = \lim_{n \to \infty} 3 \left(\frac{1}{1+\frac{1}{n}} \right)^{\frac{1}{3}} = 3$$

となる. これらの値の逆数 $\frac{1}{3}$ が収束半径となって, この範囲内で整級数は収束する. だからといって, すぐに $-\frac{1}{3} \leq x \leq \frac{1}{3}$ と解答しては問題がある. 本問は収束半径を求め

第3章 総仕上げレベル

るのではなく，収束する実数 x の値の範囲である．収束半径の下限，上限の $x = -\dfrac{1}{3}, \dfrac{1}{3}$ で，実際に級数が収束するかを判定する必要がある．

(ⅰ) 下限 $x = -\dfrac{1}{3}$ のとき

$$\sum_{n=1}^{\infty} \frac{3^n}{\sqrt[3]{n}}\left(-\frac{1}{3}\right)^n = \sum_{n=1}^{\infty} \frac{(-1)^n}{\sqrt[3]{n}} = -1 + \frac{1}{2^{\frac{1}{3}}} - \frac{1}{3^{\frac{1}{3}}} + \frac{1}{4^{\frac{1}{3}}} - \cdots$$

は，正負の符号が入れ替わる交項級数（交代級数ともいう）で，$\displaystyle\lim_{n\to\infty}\frac{1}{\sqrt[3]{n}} = 0$ なので収束する．

(ⅱ) 上限 $x = \dfrac{1}{3}$ のとき

$$\sum_{n=1}^{\infty} \frac{3^n}{\sqrt[3]{n}}\left(\frac{1}{3}\right)^n = \sum_{n=1}^{\infty} \frac{1}{\sqrt[3]{n}} = 1 + \frac{1}{2^{\frac{1}{3}}} + \frac{1}{3^{\frac{1}{3}}} + \frac{1}{4^{\frac{1}{3}}} + \cdots$$

は正項級数となって，これだけでは収束するか判断がつかない．実際，$a_n = \dfrac{1}{n^{\frac{1}{3}}}$ で，

$$\lim_{n\to\infty} \frac{a_{n+1}}{a_n} = \lim_{n\to\infty} \left(\frac{n}{n+1}\right)^{\frac{1}{3}} = 1 \;(=r),$$
$$\lim_{n\to\infty} \sqrt[n]{a_n} = \lim_{n\to\infty} \left(\frac{1}{n^{\frac{1}{3}}}\right)^{\frac{1}{n}} = 1 \;(=r) \qquad \cdots (※1)$$

から，$r < 1$ ならば収束し，$r > 1$ なら発散するが，いまの場合，$r = 1$ になるので判定できない．そこで，

$$\sum_{n=1}^{\infty} \frac{1}{n^\alpha} \quad (\alpha > 0) \text{ に対し，} f(x) = \frac{1}{x^\alpha} \quad (x > 0) \qquad \cdots (※2)$$

を考える．

(a) $0 < \alpha < 1$ のとき

$$\int_1^\infty f(t)\,dt = \lim_{R\to\infty} \left[\frac{t^{1-\alpha}}{1-\alpha}\right]_{t=1}^{t=R} = +\infty, \quad \text{すなわち発散する．}$$

(b) $\alpha > 1$ のとき

$$\int_1^\infty f(t)\,dt = \lim_{R\to\infty} \left[\frac{t^{1-\alpha}}{1-\alpha}\right]_{t=1}^{t=R} = \frac{1}{1-\alpha}, \quad \text{すなわち収束する．}$$

第3章　総仕上げレベル

(c) $\alpha = 1$ のとき

$$\int_1^\infty f(t)\,dt = \lim_{R \to \infty} \bigl[\log_e t\bigr]_{t=1}^{t=R} = +\infty, \quad \text{すなわち発散する.}$$

これらの結果から，$\displaystyle\sum_{n=1}^{\infty} \frac{1}{n^\alpha}$ は $\alpha > 1$ のとき収束し，$0 < \alpha \leqq 1$ のとき発散することがわかる．

話を戻して，上限 $x = \dfrac{1}{3}$ では，

$$\sum_{n=1}^{\infty} \frac{3^n}{\sqrt[3]{n}} \left(\frac{1}{3}\right)^n = \sum_{n=1}^{\infty} \frac{1}{\sqrt[3]{n}} = 1 + \frac{1}{2^{\frac{1}{3}}} + \frac{1}{3^{\frac{1}{3}}} + \frac{1}{4^{\frac{1}{3}}} + \cdots$$

なので，$f(x) = \dfrac{1}{x^\alpha}$ の α は $0 < \alpha \left(= \dfrac{1}{3}\right) < 1$ を満たすから，この級数は実は発散することがわかる．

結局，$x = \dfrac{1}{3}$ を含めない $-\dfrac{1}{3} \leqq x < \dfrac{1}{3}$ で収束する．

◇ 参　考 (※1) ─────────────────────────

正項級数 $\sum a_n$ が収束するか発散するかを判定する2方式を以下に示す．

①コーシー (Cauchy) の判定法

$\displaystyle\lim_{n \to \infty} \sqrt[n]{a_n} = r$ が存在するとき，

- $r < 1$ ならば，$\sum a_n$ は収束する
- $r > 1$ ならば，$\sum a_n$ は発散する

②ダランベール (d'Alembert) の判定法

$\displaystyle\lim_{n \to \infty} \frac{a_{n+1}}{a_n} = r$ が存在するとき，

- $r < 1$ ならば，$\sum a_n$ は収束する
- $r > 1$ ならば，$\sum a_n$ は発散する

◇ 参　考 (※2) ─────────────────────────

◎コーシー (Cauchy) の積分判定法

$f(x)$ を，$x \geqq 1$ の単調減少な正値連続関数とすると，$\displaystyle\sum_{n=1}^{\infty} f(n)$ と $\displaystyle\int_1^\infty f(x)\,dx$ は，ともに

第3章 総仕上げレベル

収束するか,またはともに発散する.すなわち,$\sum_{n=1}^{\infty} f(n)$ が収束するか発散するかの判定は,$\int_{1}^{\infty} f(x)\,dx$ の収束・発散を調べることでわかる.

◇補 足

整級数 $\sum_{n=1}^{\infty} a_n x^n$ の収束半径 R は,

$$\lim_{n \to \infty} \sqrt[n]{|a_n|} = r, \quad \text{もしくは} \quad \lim_{n \to \infty} \frac{|a_{n+1}|}{|a_n|} = r$$

が存在すれば,その逆数 $\dfrac{1}{r}$ である.すなわち,$R = \dfrac{1}{r}$ である.

この場合,x の収束域は,

$$\begin{cases} \bullet \ -R \leqq x \leqq R \\ \bullet \ -R < x \leqq R \\ \bullet \ -R \leqq x < R \\ \bullet \ -R < x < R \end{cases}$$

のいずれかになるので,本問のように上限(R),下限($-R$)で収束するか発散するかを調べる必要がある.

演習6 下の連立方程式について,次の問いに答えなさい.

$$\begin{cases} 2x + y + az = 2a \\ x + ay - 2z = 2 \\ x + 2y - z = 1 \end{cases}$$

① 係数行列と拡大係数行列(右辺の定数部分を含んだ行列)の階数が異なるような定数 a の値を求めなさい.

② ①で求めた2つの値 a_1, a_2(ただし $a_1 < a_2$)に対して a が $a_1 < a < a_2$ を満たすとき,解 x, y, z の和 $x + y + z$ が最大となる a の値を求めなさい.

解 答 ① $a = \pm\sqrt{7}$ ② $a = \dfrac{14 - \sqrt{21}}{5}$

※解 説

①係数行列と拡大係数行列(右辺の定数部分を含んだ行列)の階数が異なるとは,連

第3章　総仕上げレベル

立方程式の解が不能の場合に該当する（実践力養成レベルの**演習**11参照）．

　実際に，拡大係数行列の階数（rank）を求めてみる．

拡大係数行列 $\begin{pmatrix} 2 & 1 & a & 2a \\ 1 & a & -2 & 2 \\ 1 & 2 & -1 & 1 \end{pmatrix}$ の小行列式 $\begin{vmatrix} 2 & 1 & 2a \\ 1 & a & 2 \\ 1 & 2 & 1 \end{vmatrix} = -2a^2 + 6a - 7 =$
$-2\left(a - \dfrac{3}{2}\right)^2 - \dfrac{5}{2} \neq 0$ となって，拡大係数行列の階数は3であることがわかる．

　一方，係数行列の階数は，係数行列 $A = \begin{pmatrix} 2 & 1 & a \\ 1 & a & -2 \\ 1 & 2 & -1 \end{pmatrix}$ で，小行列式 $\begin{vmatrix} 2 & 1 \\ 1 & 2 \end{vmatrix} =$
$4 - 1 = 3 \neq 0$ なので，階数は2以上である．

　よって，係数行列が拡大係数行列の階数が3にならないためには，

$$|A| = \begin{vmatrix} 2 & 1 & a \\ 1 & a & -2 \\ 1 & 2 & -1 \end{vmatrix} = -a^2 + 7 = 0$$

すなわち，$a = \pm\sqrt{7}$ であればよい．このとき，連立方程式の解は不能となる．
② $a_1 = -\sqrt{7}$, $a_2 = \sqrt{7}$ で $-\sqrt{7} < a < \sqrt{7}$

　すなわち，$a \neq \pm\sqrt{7}$ なので，クラーメルの公式から，

$$x = \dfrac{\begin{vmatrix} 2a & 1 & a \\ 2 & a & -2 \\ 1 & 2 & -1 \end{vmatrix}}{|A|} = \dfrac{-3a^2 + 12a}{7 - a^2}$$

$$y = \dfrac{\begin{vmatrix} 2 & 2a & a \\ 1 & 2 & -2 \\ 1 & 1 & -1 \end{vmatrix}}{|A|} = \dfrac{-3a}{7 - a^2}$$

$$z = \dfrac{\begin{vmatrix} 2 & 1 & 2a \\ 1 & a & 2 \\ 1 & 2 & 1 \end{vmatrix}}{|A|} = \dfrac{-2a^2 + 6a - 7}{7 - a^2}$$

となる．よって，$x + y + z = \dfrac{-5a^2 + 15a - 7}{7 - a^2} = f(a)$ とおけば，

$$f(a) = \dfrac{-5a^2 + 15a - 7}{7 - a^2} = \dfrac{5a^2 - 15a + 7}{a^2 - 7}$$

第3章　総仕上げレベル

$$\frac{df(a)}{da} = \frac{(10a-15)(a^2-7)-(-5a^2+15a-7)2a}{(a^2-7)^2} = \frac{15a^2-84a+105}{(a^2-7)^2}$$

となる．$\frac{df(a)}{da}=0$ となるのは，$a=\frac{14\pm\sqrt{21}}{5}\fallingdotseq 3.72, 1.88$ のときであり，$-\sqrt{7}<a<\sqrt{7}$ から，$f(a)$ は $a=\frac{14-\sqrt{21}}{5}$ で極値をもつ．

$f(a)$ の増減表は，表 3.1 のようになり，$f(a)$ のグラフは図 3.2 のようになる．

したがって，$x+y+z$ は，$a=\frac{14-\sqrt{21}}{5}$ $(\fallingdotseq 1.88)$ で最大値 $\left(\frac{-3\sqrt{21}+28}{14}\fallingdotseq 1.02\right)$ をとることがわかる．

表 3.1　$f(a)$ の増減表

a	$\cdots$	$\frac{14-\sqrt{21}}{5}$ $(\fallingdotseq 1.88)$	$\cdots$	$\frac{14+\sqrt{21}}{5}$ $(\fallingdotseq 3.72)$
$\frac{df(a)}{da}$	$+$	0	$-$	0
$f(a)$	↗	極大	↘	極小

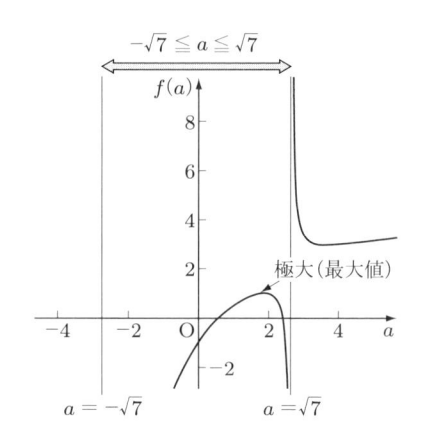

$-\sqrt{7}\fallingdotseq -2.6$　　$\sqrt{7}\fallingdotseq 2.6$

図 3.2　$f(a)=\dfrac{5a^2-15a+7}{a^2-7}$ のグラフ

◇ 参　考

係数行列と拡大係数行列の階数（rank）と，連立方程式の解との関係を，以下にまとめる．

第3章　総仕上げレベル

係数行列 A を $m \times n$ 行列，連立方程式の未知数を n 個とすれば，
◎係数行列 A と拡大係数行列 A' の階数が等しい（$\operatorname{rank} A = \operatorname{rank} A'$）
　⇔　解をもつ（①ただ一組，②不定）
　①の場合　$\operatorname{rank} A = \operatorname{rank} A' = n$
　②の場合　$\operatorname{rank} A = \operatorname{rank} A' = l \quad (l < n)$
　解の自由度 $= n - l$ で，自由度の個数の任意パラメータで解を表すことが可能．
◎係数行列 A と拡大係数行列 A' の階数が異なる（$\operatorname{rank} A \neq \operatorname{rank} A'$）
　⇔　解をもたない（不能）

演習7　次の x を独立変数とする常微分方程式の一般解を求めなさい．
$$y'' - \frac{x}{x-1}y' + \frac{y}{x-1} = x - 1$$

解答　$y = C_1 x + C_2 e^x - x^2 - 1$　（C_1，C_2 は任意定数）

解説

$$y'' - \frac{x}{x-1}y' + \frac{y}{x-1} = x - 1$$

$$(x-1)y'' - xy' + y = (x-1)^2$$

$x - 1 = z$ とおいて，

$$zy'' - (z+1)y' + y = z^2 \qquad \cdots (1)$$

となる．ここでは，$y = \displaystyle\sum_{n=0}^{\infty} a_n z^n$ のように解 y が整級数に展開できると仮定する．

$$y = \sum_{n=0}^{\infty} a_n z^n$$

$$y' = \sum_{n=1}^{\infty} a_n n z^{n-1} = \sum_{n=0}^{\infty} a_{n+1}(n+1) z^n$$

$$y'' = \sum_{n=2}^{\infty} a_n n(n-1) z^{n-2} = \sum_{n=0}^{\infty} a_{n+2}(n+2)(n+1) z^n$$

であるから，これら y, y', y'' を式 (1) に代入して，

$$\sum_{n=0}^{\infty} a_{n+2}(n+2)(n+1) z^{n+1} - \sum_{n=0}^{\infty} a_{n+1}(n+1) z^n (z+1) + \sum_{n=0}^{\infty} a_n z^n = z^2$$

第3章　総仕上げレベル

$$\sum_{n=1}^{\infty} a_{n+1}(n+1)nz^n - \left\{\sum_{n=0}^{\infty} a_{n+1}(n+1)z^{n+1} + \sum_{n=0}^{\infty} a_{n+1}(n+1)z^n\right\} + \sum_{n=0}^{\infty} a_n z^n = z^2$$

$$\sum_{n=1}^{\infty} a_{n+1}(n+1)nz^n - \sum_{n=1}^{\infty} a_n n z^n - \sum_{n=0}^{\infty} a_{n+1}(n+1)z^n + \sum_{n=0}^{\infty} a_n z^n = z^2 \qquad \cdots (2)$$

が得られる．ここで，式 (2) の左辺の第 3 項と第 4 項はそれぞれ，

$$-\sum_{n=0}^{\infty} a_{n+1}(n+1)z^n = -a_1 - \sum_{n=1}^{\infty} a_{n+1}(n+1)z^n$$

$$\sum_{n=0}^{\infty} a_n z^n = a_0 + \sum_{n=1}^{\infty} a_n z^n$$

のように変形できるので，式 (2) は

$$\sum_{n=1}^{\infty} a_{n+1}(n+1)nz^n - \sum_{n=1}^{\infty} a_n n z^n - a_1 - \sum_{n=1}^{\infty} a_{n+1}(n+1)z^n + a_0 + \sum_{n=1}^{\infty} a_n z^n = z^2$$

$$a_0 - a_1 + \sum_{n=1}^{\infty} \{a_{n+1}(n+1)n - a_n n - a_{n+1}(n+1) + a_n\} z^n = z^2$$

$$a_0 - a_1 + \sum_{n=1}^{\infty} \{a_{n+1}(n+1)(n-1) - a_n(n-1)\} z^n = z^2 \qquad \cdots (3)$$

となる．式 (3) の z についての多項式の係数に注目して，

$$a_0 - a_1 = 0 \qquad \cdots (4)$$

$n = 2$ のとき，

$$3a_3 - a_2 = 1 \qquad \cdots (5)$$

$n \geqq 3$ のとき，

$$a_{n+1}(n+1)(n-1) - (n-1)a_n = 0$$

すなわち，

$$a_{n+1} = \frac{a_n}{n+1}, \quad a_n = \frac{a_{n-1}}{n} \qquad \cdots (6)$$

が得られる．式 (4) から $a_0 = a_1$, 式 (5) から $a_2 = 3a_3 - 1$,

第3章　総仕上げレベル

式 (6) から

$$a_4 = \frac{a_3}{4}, \ a_5 = \frac{a_4}{5} = \frac{a_3}{5 \cdot 4} = \frac{3! \, a_3}{5!}, \ a_6 = \frac{a_5}{6} = \frac{a_3}{6 \cdot 5 \cdot 4} = \frac{3! \, a_3}{6!}, \ \cdots,$$

$$a_n = \frac{a_{n-1}}{n} = \frac{3! \, a_3}{n!}$$

となる．よって，解は，

$$y = \sum_{n=0}^{\infty} a_n z^n = a_0 + a_1 z + a_2 z^2 + \sum_{n=3}^{\infty} a_n z^n$$

$$= a_0 + a_0 z + (3a_3 - 1)z^2 + \sum_{n=3}^{\infty} \frac{3! \, a_3}{n!} z^n \quad (\because \ a_0 = a_1, \ a_2 = 3a_3 - 1)$$

$$= a_0 + a_0 z + (3a_3 - 1)z^2 + 6a_3 \sum_{n=3}^{\infty} \frac{z^n}{n!}$$

となる．ここで，

$$e^z = \sum_{n=0}^{\infty} \frac{z^n}{n!} = 1 + z + \frac{z^2}{2} + \sum_{n=3}^{\infty} \frac{z^n}{n!}$$

から

$$\sum_{n=3}^{\infty} \frac{z^n}{n!} = e^z - 1 - z - \frac{z^2}{2}$$

であるから，

$$y = \sum_{n=0}^{\infty} a_n z^n = a_0 + a_0 z + (3a_3 - 1)z^2 + 6a_3 \left(e^z - 1 - z - \frac{z^2}{2} \right)$$

$$= a_0 - 6a_3 + (a_0 - 6a_3)z - z^2 + 6a_3 e^z$$

となり，$x - 1 = z$ なので，

$$y = a_0 - 6a_3 + (a_0 - 6a_3)(x - 1) - (x - 1)^2 + 6a_3 e^{x-1}$$

$$= (a_0 - 6a_3 + 2)x + \frac{6a_3}{e} e^x - x^2 - 1$$

となる．$C_1 = a_0 - 6a_3 + 2$，$C_2 = \dfrac{6a_3}{e}$ とおいて，

$$y = C_1 x + C_2 e^x - x^2 - 1 \quad (C_1, \ C_2 \text{ は任意定数})$$

が得られる．

第3章 総仕上げレベル

◇参 考

線形の常微分方程式では，関数の整級数展開を利用すると有効な場合が多い．

$$y^{(n)} + P_1(x)y^{(n-1)} + P_2(x)y^{(n-2)} + \cdots + P_n(x)y = Q(x) \qquad \cdots(7)$$

について考える．$y = \sum_{n=0}^{\infty} a_n x^n$ とおいて，

$$y' = \sum_{n=1}^{\infty} a_n n x^{n-1}, \quad y'' = \sum_{n=2}^{\infty} a_n n(n-1) x^{n-2}, \quad \ldots$$

を代入して，係数 a_n の関係式（漸化式）から，係数を求めていく．

もし，式(7)で $P_1(x), P_2(x), \ldots, P_n(x)$ が $x = x_0$ で正則でない場合，すなわち，$x = x_0$ が特異点となっている場合は，

$$y = \sum_{n=0}^{\infty} a_n (x - x_0)^n$$

と展開すればよい．

演習8

次の連立合同式を解きなさい．
$$\begin{cases} x \equiv 5 \pmod{11} \\ x \equiv 3 \pmod{17} \end{cases}$$

解答　$x = 187m + 71$　（m は整数）

※解説

$$\begin{cases} x \equiv 5 \pmod{11} & \cdots(1) \\ x \equiv 3 \pmod{17} & \cdots(2) \end{cases}$$

式(2)より，

$$x = 3 + 17l \quad (l \text{ は整数}) \qquad \cdots(3)$$

であり，これを式(1)に代入すると，

$$3 + 17l \equiv 5 \pmod{11}$$
$$17l \equiv 2 \pmod{11} \qquad \cdots(4)$$

となる．11 と 17 は互いに素で，$(11, 17) = 1$（11 と 17 の最大公約数は 1）であり，

第3章　総仕上げレベル

$17 \cdot 2 - 11 \cdot 3 = 1$ より，

$$17 \cdot 2 \equiv 1 \pmod{11}$$

が得られる．これより，式 (4) の両辺に 2 をかけて，

$$17 \cdot 2l \equiv 2 \cdot 2 \pmod{11}$$

$$l \equiv 4 \pmod{11}$$

となる．すなわち，

$$l = 11m + 4 \quad (m \text{ は整数})$$

となる．$l = 11m + 4$ を式 (3) に代入して，

$$x = 3 + 17(11m + 4) = 187m + 71$$

が得られる．

◇参　考

整数論の基本概念も理解しておくことが必要である．
合同式で出てくる mod 記号に慣れておくこと．ここでは，基本的な公式を紹介する．整数 $a - b$ が m の整数倍のとき，a は m を法として b と合同であるといい，

$$a \equiv b \pmod{m}$$

と表す．
① $a \equiv b \pmod{m}$ となるための条件は，a, b を m で割ったときの余りが等しいことである．
② ⅰ) $a \equiv a \pmod{m}$
　ⅱ) $a \equiv b \pmod{m}$ ならば，$b \equiv a \pmod{m}$
　ⅲ) $a \equiv b \pmod{m}$, $b \equiv c \pmod{m}$ ならば，$a \equiv c \pmod{m}$
③ $a \equiv b \pmod{m}$, $c \equiv d \pmod{m}$ のとき，
　ⅰ) $a + c \equiv b + d \pmod{m}$
　ⅱ) $a - c \equiv b - d \pmod{m}$
　ⅲ) $ac \equiv bd \pmod{m}$
　ⅳ) $a^l \equiv b^l \pmod{m}$ （l は自然数）
④ $ac \equiv bc \pmod{m}$ のとき，
　ⅰ) c と m の最大公約数を G とすれば，$a \equiv b \pmod{\frac{m}{G}}$
　ⅱ) c と m が互いに素（すなわち $G = 1$）ならば，$a \equiv b \pmod{m}$

演習9　$\{F_n\}_{n=1,2,3,\ldots}$ をフィボナッチ数列とします．すなわち

$$F_1 = F_2 = 1, \quad F_{n+2} = F_{n+1} + F_n \quad (n \geqq 1)$$

第3章　総仕上げレベル

> です．
> x^{24} を x^2-x-1 で割ったとき，その商と余りはフィボナッチ数列を係数とする整式で表すことができます．このとき，商および余りを求めなさい．

解　答　商：$F_1 x^{22} + F_2 x^{21} + F_3 x^{20} + \cdots + F_{22} x + F_{23}$，余り：$F_{24} x + F_{23}$

◇解　説

x^{24} を x^2-x-1 で割るので，商は x の 22 次式，余りは 1 次式となる．すなわち，商を $a_1 x^{22} + a_2 x^{21} + a_3 x^{20} + \cdots + a_{22} x + a_{23}$，余りを $px+q$ として，

$$x^{24} = (x^2-x-1)(a_1 x^{22} + a_2 x^{21} + a_3 x^{20} + \cdots + a_{22} x + a_{23}) + px + q \quad \cdots (1)$$

とおける．

式 (1) の右辺を展開すれば，

$$a_1 x^{24} + a_2 x^{23} + a_3 x^{22} + a_4 x^{21} + a_5 x^{20} + \cdots + a_{21} x^4 + a_{22} x^3 + a_{23} x^2$$
$$- a_1 x^{23} - a_2 x^{22} - a_3 x^{21} - a_4 x^{20} - \cdots - a_{21} x^3 - a_{22} x^2 - a_{23} x$$
$$- a_1 x^{22} - a_2 x^{21} - a_3 x^{20} - a_4 x^{19} - \cdots - a_{21} x^2 - a_{22} x - a_{23} + px + q$$

すなわち，

$$x^{24} = a_1 x^{24} + (a_2 - a_1) x^{23} + (a_3 - a_2 - a_1) x^{22} + (a_4 - a_3 - a_2) x^{21}$$
$$+ (a_5 - a_4 - a_3) x^{20} + \cdots + (a_{23} - a_{22} - a_{21}) x^2 + (p - a_{23} - a_{22}) x + q - a_{23}$$

となる．右辺と左辺が恒等式として等しくなる条件を考えて，

$a_1 = 1$ から，$\quad a_1 = 1 = F_1$

$a_2 - a_1 = 0$ から，$\quad a_2 = a_1 = 1, \quad a_2 = F_2$

$a_3 - a_2 - a_1 = 0$ から，$\quad a_3 = a_2 + a_1 = F_2 + F_1 = F_3$

$a_4 - a_3 - a_2 = 0$ から，$\quad a_4 = a_3 + a_2 = F_3 + F_2 = F_4$

$a_5 - a_4 - a_3 = 0$ から，$\quad a_5 = a_4 + a_3 = F_4 + F_3 = F_5$

$\vdots$

$a_{23} - a_{22} - a_{21} = 0$ から，$\quad a_{23} = a_{22} + a_{21} = F_{22} + F_{21} = F_{23}$

$p - a_{23} - a_{22} = 0$ から，$\quad p = a_{23} + a_{22} = F_{23} + F_{22} = F_{24}$

第3章 総仕上げレベル

$$q - a_{23} = 0 \text{ から,} \qquad q = a_{23} = F_{23}$$

が得られる．よって，商は

$$a_1 x^{22} + a_2 x^{21} + a_3 x^{20} + \cdots + a_{22} x + a_{23} = F_1 x^{22} + F_2 x^{21} + F_3 x^{20} + \cdots + F_{22} x + F_{23}$$

となり，また，余りは

$$px + q = F_{24} x + F_{23}$$

となる．

◇ 参 考（フィボナッチ数列）

フィボナッチ数列 $\{F_n\}_{n=1,2,3,\ldots}$ は，

$$F_1 = F_2 = 1, \quad F_{n+2} = F_{n+1} + F_n \quad (n \geq 1)$$

$$F_n = \frac{1}{\sqrt{5}} \left\{ \left(\frac{1+\sqrt{5}}{2} \right)^n - \left(\frac{1-\sqrt{5}}{2} \right)^n \right\} \quad \text{(ビネの公式)}$$

で表される．

演習10 $f(x)$ を C^2 級の関数で，$r = \sqrt{x^2 + y^2 + z^2}$ とします．定数 c に対して

$$u = u(x, y, z, t) = \frac{1}{r} f(r - ct)$$

と表される関数について，次の問いに答えなさい．

(1) $\dfrac{\partial r}{\partial x}$ を r と x で表しなさい．

(2) $\dfrac{\partial^2 u}{\partial t^2} = c^2 \left(\dfrac{\partial^2 u}{\partial x^2} + \dfrac{\partial^2 u}{\partial y^2} + \dfrac{\partial^2 u}{\partial z^2} \right)$ が成り立つことを示しなさい．

解 答 (1) $\dfrac{x}{r}$ (2) 解説参照

❀ 解 説

(1) $r = \sqrt{x^2 + y^2 + z^2}$ なので，

$$\frac{\partial r}{\partial x} = \frac{1}{2} (x^2 + y^2 + z^2)^{-\frac{1}{2}} \cdot 2x = \frac{x}{(x^2 + y^2 + z^2)^{\frac{1}{2}}} = \frac{x}{r}$$

となる．

第3章　総仕上げレベル

(2) $u = \dfrac{1}{r}f(r-ct)$ は，時間 t と位置 $r = \sqrt{x^2+y^2+z^2}$ の関数である．

時間 t に関する偏微分は，

$$\frac{\partial u}{\partial t} = -\frac{c}{r}f'(r-ct), \quad \frac{\partial^2 u}{\partial t^2} = \frac{c^2}{r}f''(r-ct) \qquad \cdots (1)$$

であり，位置 r の x に関する偏微分は，

$$\frac{\partial u}{\partial x} = -\frac{1}{r^2}\frac{\partial r}{\partial x}f(r-ct) + \frac{1}{r}f'(r-ct)\frac{\partial r}{\partial x}$$

$$= -\frac{x}{r^3}f(r-ct) + \frac{x}{r^2}f'(r-ct) = -\frac{x}{r^3}\{f(r-ct) - rf'(r-ct)\}$$

$$\frac{\partial^2 u}{\partial x^2} = \left(-\frac{1}{r^3} + \frac{3x}{r^4}\frac{x}{r}\right)\{f(r-ct) - rf'(r-ct)\}$$

$$\quad - \frac{x}{r^3}\left\{\frac{x}{r}f'(r-ct) - \frac{x}{r}f'(r-ct) - rf''(r-ct)\frac{x}{r}\right\}$$

$$= \left(-\frac{1}{r^3} + \frac{3x^2}{r^5}\right)\{f(r-ct) - rf'(r-ct)\} + \frac{x^2}{r^3}f''(r-ct)$$

である．同様に，

$$\frac{\partial^2 u}{\partial y^2} = \left(-\frac{1}{r^3} + \frac{3y^2}{r^5}\right)\{f(r-ct) - rf'(r-ct)\} + \frac{y^2}{r^3}f''(r-ct)$$

$$\frac{\partial^2 u}{\partial z^2} = \left(-\frac{1}{r^3} + \frac{3z^2}{r^5}\right)\{f(r-ct) - rf'(r-ct)\} + \frac{z^2}{r^3}f''(r-ct)$$

$$\frac{\partial^2 u}{\partial x^2} + \frac{\partial^2 u}{\partial y^2} + \frac{\partial^2 u}{\partial z^2} = \left(-\frac{3}{r^3} + \frac{3x^2+3y^2+3z^2}{r^5}\right)\{f(r-ct) - rf'(r-ct)\}$$

$$\quad + \frac{x^2+y^2+z^2}{r^3}f''(r-ct)$$

$$= \left(-\frac{3}{r^3} + \frac{3r^2}{r^5}\right)\{f(r-ct) - rf'(r-ct)\} + \frac{r^2}{r^3}f''(r-ct)$$

$$= \frac{1}{r}f''(r-ct) \qquad \cdots (2)$$

となる．式 (1)，(2) から，$\dfrac{\partial^2 u}{\partial t^2} = c^2\left(\dfrac{\partial^2 u}{\partial x^2} + \dfrac{\partial^2 u}{\partial y^2} + \dfrac{\partial^2 u}{\partial z^2}\right)$ が得られる．

◇参　考（有名な2階偏微分方程式）

有名な3タイプの2階偏微分方程式を紹介する．

第3章　総仕上げレベル

本問で登場した2階の偏微分方程式

$$\frac{\partial^2 u}{\partial t^2} = c^2 \left(\frac{\partial^2 u}{\partial x^2} + \frac{\partial^2 u}{\partial y^2} + \frac{\partial^2 u}{\partial z^2} \right) \qquad \cdots (A)$$

は，速度 c の波（球面波）を記述する波動方程式で，双曲型の偏微分方程式である．図3.3のように，球面波 u が速度 c で伝播していくイメージである．

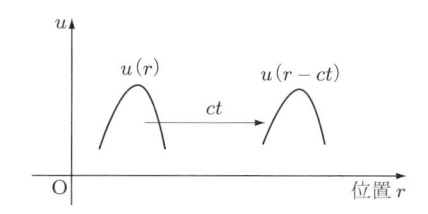

図 3.3 波動の伝播イメージ

また，

$$\frac{\partial^2 u}{\partial x^2} + \frac{\partial^2 u}{\partial y^2} + \frac{\partial^2 u}{\partial z^2} = f(x, y, z) \qquad \cdots (B)$$

は，$f \neq 0$ でポアソンの方程式，$f = 0$ でラプラスの方程式とよぶ．これは，重力場，静電場，非圧縮流体場などのポテンシャルを分析する際の楕円型の偏微分方程式となる．

さらに，

$$\frac{\partial u}{\partial t} = k^2 \left(\frac{\partial^2 u}{\partial x^2} + \frac{\partial^2 u}{\partial y^2} + \frac{\partial^2 u}{\partial z^2} \right) \qquad \cdots (C)$$

は，熱の伝導方程式や大気などの物質濃度の拡散方程式ともよばれ，放物型の偏微分方程式である．

電子などミクロレベルの粒子の運動を記述する量子力学において，シュレーディンガーの波動方程式は

$$-\frac{\hbar^2}{2m} \left(\frac{\partial^2 \psi}{\partial x^2} + \frac{\partial^2 \psi}{\partial y^2} + \frac{\partial^2 \psi}{\partial z^2} \right) + V(x, y, z)\psi = i\hbar \frac{\partial \psi}{\partial t} \qquad \cdots (A)'$$

である．シュレーディンガーの波動方程式 $(A)'$ と式 (A) の波動方程式を比較すると，これらはともに波動の伝播を示す2階偏微分方程式である．ところが，よくみると，式 (A) は位置と時間に関しては2階の偏微分方程式であるが，式 $(A)'$ は位置に関しては2階，時間に関しては1階の偏微分方程式である．大きな違いは式 $(A)'$ に虚数を含むことであり，解 ψ は一般的に複素数になる．このように，虚数を含むことがシュレーディンガーの波動方程式の大きな特徴であり，虚数がミクロな世界の物体の運動を記述するのに非常に重要な役割を果たすのである．

第3章 総仕上げレベル

演習11 $x_1 x_2 \cdots x_n \neq 0$ とします. 次の n 次の行列式を計算しなさい.

$$\Delta = \begin{vmatrix} 1+x_1 & 1 & \cdots & 1 \\ 1 & 1+x_2 & \cdots & 1 \\ \vdots & \vdots & \ddots & \vdots \\ 1 & 1 & \cdots & 1+x_n \end{vmatrix}$$

解答 $(x_1 x_2 \cdots x_n)\left(1 + \dfrac{1}{x_1} + \dfrac{1}{x_2} + \cdots + \dfrac{1}{x_n}\right)$

◈解説

解答のイメージがわからなければ,まずは 2 次,3 次の行列式を展開してみるとよい.

2 次で,$\Delta = \begin{vmatrix} 1+x_1 & 1 \\ 1 & 1+x_2 \end{vmatrix} = x_1 x_2 + x_1 + x_2$

3 次で,$\Delta = \begin{vmatrix} 1+x_1 & 1 & 1 \\ 1 & 1+x_2 & 1 \\ 1 & 1 & 1+x_3 \end{vmatrix} = x_1 x_2 x_3 + x_1 x_2 + x_2 x_3 + x_3 x_1$

となり,これだけでも,かなりの解答のヒントになる.

さらに,$x_1 x_2 + x_1 + x_2 = x_1 x_2 \left(1 + \dfrac{1}{x_1} + \dfrac{1}{x_2}\right)$,また,

$$x_1 x_2 x_3 + x_1 x_2 + x_2 x_3 + x_3 x_1 = x_1 x_2 x_3 \left(1 + \dfrac{1}{x_1} + \dfrac{1}{x_2} + \dfrac{1}{x_3}\right)$$

と変形できるので,n 次の行列式に対しても同様な変形を試みる.

$$\Delta = \begin{vmatrix} x_1\left(\dfrac{1}{x_1}+1\right) & x_1 \cdot \dfrac{1}{x_1} & \cdots & x_1 \cdot \dfrac{1}{x_1} \\ x_2 \cdot \dfrac{1}{x_2} & x_2\left(\dfrac{1}{x_2}+1\right) & \cdots & x_2 \cdot \dfrac{1}{x_2} \\ \vdots & \vdots & \ddots & \vdots \\ x_n \cdot \dfrac{1}{x_n} & x_n \cdot \dfrac{1}{x_n} & \cdots & x_n\left(\dfrac{1}{x_n}+1\right) \end{vmatrix}$$

第3章 総仕上げレベル

$$
= x_1 x_2 \cdots x_n
$$

$$
\times \begin{vmatrix} \dfrac{1}{x_1}+1 & \dfrac{1}{x_1} & \cdots & \dfrac{1}{x_1} \\ \dfrac{1}{x_2} & \dfrac{1}{x_2}+1 & \cdots & \dfrac{1}{x_2} \\ \vdots & \vdots & \ddots & \vdots \\ \dfrac{1}{x_n} & \dfrac{1}{x_n} & \cdots & \dfrac{1}{x_n}+1 \end{vmatrix}
$$

> 第2行から第n行までの1倍を,それぞれ第1行に加える.その後,共通因数である$\left(1+\dfrac{1}{x_1}+\dfrac{1}{x_2}+\cdots+\dfrac{1}{x_n}\right)$をくくりだす.

$$
= (x_1 x_2 \cdots x_n)\left(1+\dfrac{1}{x_1}+\dfrac{1}{x_2}+\cdots+\dfrac{1}{x_n}\right)
$$

$$
\times \begin{vmatrix} 1 & 1 & \cdots & 1 \\ \dfrac{1}{x_2} & \dfrac{1}{x_2}+1 & \cdots & \dfrac{1}{x_2} \\ \vdots & \vdots & \ddots & \vdots \\ \dfrac{1}{x_n} & \dfrac{1}{x_n} & \cdots & \dfrac{1}{x_n}+1 \end{vmatrix}
$$

$$
= (x_1 x_2 \cdots x_n)\left(1+\dfrac{1}{x_1}+\dfrac{1}{x_2}+\cdots+\dfrac{1}{x_n}\right)
$$

$$
\times \begin{vmatrix} 1 & 1 & \cdots & 1 \\ \dfrac{1}{x_2} & \dfrac{1+x_2}{x_2} & \cdots & \dfrac{1}{x_2} \\ \vdots & \vdots & \ddots & \vdots \\ \dfrac{1}{x_n} & \dfrac{1}{x_n} & \cdots & \dfrac{1+x_n}{x_n} \end{vmatrix}
$$

$$
= \dfrac{x_1 x_2 \cdots x_n}{x_2 x_3 \cdots x_n}\left(1+\dfrac{1}{x_1}+\dfrac{1}{x_2}+\cdots+\dfrac{1}{x_n}\right)
$$

$$
\times \begin{vmatrix} 1 & 1 & \cdots & 1 \\ 1 & 1+x_2 & \cdots & 1 \\ \vdots & \vdots & \ddots & \vdots \\ 1 & 1 & \cdots & 1+x_n \end{vmatrix}
$$

> 第1行の(-1)倍を第2行から第n行に加える.

第3章 総仕上げレベル

$$= \frac{x_1 x_2 \cdots x_n}{x_2 x_3 \cdots x_n} \Big(1 + \frac{1}{x_1} + \frac{1}{x_2} + \cdots + \frac{1}{x_n} \Big)$$

$$\times \begin{vmatrix} 1 & 1 & \cdots & 1 \\ 0 & x_2 & \cdots & 0 \\ \vdots & \vdots & \ddots & \vdots \\ 0 & 0 & \cdots & x_n \end{vmatrix}$$

$$= \frac{x_1 x_2 \cdots x_n}{x_2 x_3 \cdots x_n} \Big(1 + \frac{1}{x_1} + \frac{1}{x_2} + \cdots + \frac{1}{x_n} \Big) \times x_2 x_3 \cdots x_n$$

$$= (x_1 x_2 \cdots x_n) \Big(1 + \frac{1}{x_1} + \frac{1}{x_2} + \cdots + \frac{1}{x_n} \Big)$$

別 解

n 次の行列式を，$\Delta_{1,n} = \begin{vmatrix} 1+x_1 & 1 & \cdots & 1 \\ 1 & 1+x_2 & \cdots & 1 \\ \vdots & \vdots & \ddots & \vdots \\ 1 & 1 & \cdots & 1+x_n \end{vmatrix}$ とおく．

$$\Delta_{1,n} = \begin{vmatrix} 1 & 1 & \cdots & 1 \\ 1 & 1+x_2 & \cdots & 1 \\ \vdots & \vdots & \ddots & \vdots \\ 1 & 1 & \cdots & 1+x_n \end{vmatrix} + \begin{vmatrix} x_1 & 1 & \cdots & 1 \\ 0 & 1+x_2 & \cdots & 1 \\ \vdots & \vdots & \ddots & \vdots \\ 0 & 1 & \cdots & 1+x_n \end{vmatrix}$$

$$= \begin{vmatrix} 1 & 1 & \cdots & 1 \\ 0 & x_2 & \cdots & 0 \\ \vdots & \vdots & \ddots & \vdots \\ 0 & 0 & \cdots & x_n \end{vmatrix} + x_1 \begin{vmatrix} 1+x_2 & \cdots & 1 \\ \vdots & \ddots & \vdots \\ 1 & \cdots & 1+x_n \end{vmatrix} = (x_2 x_3 \cdots x_n) + x_1 \Delta_{2,n}$$

すなわち，以下の関係式が得られる．

$$\Delta_{1,n} = (x_2 x_3 \cdots x_n) + x_1 \Delta_{2,n}$$

同様に，

$$\Delta_{2,n} = \begin{vmatrix} 1+x_2 & \cdots & 1 \\ \vdots & \ddots & \vdots \\ 1 & \cdots & 1+x_n \end{vmatrix} = (x_3 \cdots x_n) + x_2 \Delta_{3,n}$$

$$\Delta_{3,n} = (x_4 \cdots x_n) + x_3 \Delta_{4,n}$$

$$\vdots$$

となる．よって，

$$\Delta_{1,n} = (x_2 x_3 \cdots x_n) + x_1 \Delta_{2,n}$$

$$= (x_2x_3\cdots x_n) + x_1\{(x_3x_4\cdots x_n) + x_2\Delta_{3,n}\}$$
$$= (x_2x_3\cdots x_n) + (x_1x_3\cdots x_n) + x_1x_2\Delta_{3,n}$$
$$= (x_2x_3x_4\cdots x_n) + (x_1x_3x_4\cdots x_n) + (x_1x_2x_4\cdots x_n) + x_1x_2x_3\Delta_{4,n}$$
$$= (x_2x_3x_4\cdots x_n) + (x_1x_3x_4\cdots x_n) + (x_1x_2x_4\cdots x_n) + \cdots$$
$$+ (x_1\cdots x_{n-3}x_{n-1}x_n) + x_1x_2x_3\cdots x_{n-2}\Delta_{n-1,n}$$

であり,
$$\hat{x}_i = (x_1x_2x_3\cdots x_{i-1}x_{i+1}\cdots x_n) \quad \longleftarrow \boxed{x_1 \text{ から } x_n \text{ までの積で } x_i \text{ を含まない項}}$$

とおけば,
$$\Delta_{n-1,n} = \begin{vmatrix} 1+x_{n-1} & 1 \\ 1 & 1+x_n \end{vmatrix} = x_{n-1}x_n + x_{n-1} + x_n$$

から,
$$\Delta_{1,n} = \hat{x}_1 + \hat{x}_2 + \cdots + \hat{x}_{n-2} + x_1x_2x_3\cdots x_{n-2}\Delta_{n-1,n}$$
$$= \hat{x}_1 + \hat{x}_2 + \cdots + \hat{x}_{n-2} + x_1x_2x_3\cdots x_{n-2}(x_{n-1}x_n + x_{n-1} + x_n)$$
$$= \hat{x}_1 + \hat{x}_2 + \cdots + \hat{x}_{n-2} + \hat{x}_{n-1} + \hat{x}_n + x_1x_2x_3\cdots x_n$$

となる. よって,
$$\Delta_{1,n} = (x_1x_2x_3\cdots x_n)\left(1 + \frac{\hat{x}_1}{x_1x_2\cdots x_n} + \frac{\hat{x}_2}{x_1x_2\cdots x_n} + \cdots + \frac{\hat{x}_n}{x_1x_2\cdots x_n}\right)$$
$$= (x_1x_2x_3\cdots x_n)\left(1 + \frac{1}{x_1} + \frac{1}{x_2} + \cdots + \frac{1}{x_n}\right)$$
$$\left(\because \frac{\hat{x}_i}{x_1x_2\cdots x_n} = \frac{1}{x_i} \quad (i=1, 2, \ldots, n)\right)$$

が得られる.

演習12 $x_j \geqq 0 \ (j=1, 2, \ldots, n)$ のとき, $x_1 + x_2 + \cdots + x_n \leqq 1$ で表される n 次元の立体の体積を V_n (V_2 は面積) とします. このとき, 次の問いに答えなさい.

(1) V_2, V_3 を求めなさい.
(2) V_n を求めなさい.

解 答 (1) $V_2 = \dfrac{1}{2}$, $V_3 = \dfrac{1}{3!}$ (2) $V_n = \dfrac{1}{n!}$

第3章 総仕上げレベル

◇解 説

(1) $V_2 = \int_0^1 \int_0^{1-x_1} dx_2\, dx_1 = \int_0^1 (1-x_1)\, dx_1 = \left[x_1 - \frac{x_1^2}{2}\right]_0^1 = \frac{1}{2}$

$V_3 = \int_0^1 \int_0^{1-x_1} \int_0^{1-x_1-x_2} dx_3\, dx_2\, dx_1 = \int_0^1 \int_0^{1-x_1} (1-x_1-x_2)\, dx_2\, dx_1$

$= \int_0^1 \int_0^{1-x_1} (1-x_1-x_2)\, dx_2\, dx_1$

ここで,

$$\int_0^{1-x_1} (1-x_1-x_2)\, dx_2 = \left[(1-x_1)x_2 - \frac{x_2^2}{2}\right]_{x_2=0}^{x_2=1-x_1} = \frac{(1-x_1)^2}{2}$$

から,

$$V_3 = \int_0^1 \frac{(1-x_1)^2}{2}\, dx_1 = \left[-\frac{1}{2}\cdot\frac{1}{3}(1-x_1)^3\right]_0^1 = \frac{1}{6} = \frac{1}{3!}$$

となる.

(2) V_2, V_3 までは,【参考】のようにイメージできる.

n 次元ではどうなるか. 計算してみると,

$V_n = \int_0^1 \int_0^{1-x_1} \int_0^{1-x_1-x_2} \cdots \int_0^{1-x_1-x_2-\cdots-x_{n-1}} dx_n \cdots dx_3\, dx_2\, dx_1$

$= \int_0^1 \int_0^{1-x_1} \int_0^{1-x_1-x_2} \cdots \int_0^{1-x_1-x_2-\cdots-x_{n-2}} (1-x_1-x_2-\cdots-x_{n-1})\, dx_{n-1} \cdots dx_3\, dx_2\, dx_1$ ← 1回積分

$= \int_0^1 \int_0^{1-x_1} \int_0^{1-x_1-x_2} \cdots \int_0^{1-x_1-x_2-\cdots-x_{n-3}} \frac{(1-x_1-\cdots-x_{n-2})^2}{2}\, dx_{n-2} \cdots dx_3\, dx_2\, dx_1$ ← 2回積分

$= \int_0^1 \int_0^{1-x_1} \int_0^{1-x_1-x_2} \cdots \int_0^{1-x_1-x_2-\cdots-x_{n-4}} \frac{(1-x_1-\cdots-x_{n-3})^3}{3!}\, dx_{n-3} \cdots dx_3\, dx_2\, dx_1$ ← 3回積分

$= \int_0^1 \int_0^{1-x_1} \int_0^{1-x_1-x_2} \cdots \int_0^{1-x_1-x_2-\cdots-x_{n-5}} \frac{(1-x_1-\cdots-x_{n-4})^4}{4!}\, dx_{n-4}\, dx_3\, dx_2\, dx_1$ ← 4回積分

$\vdots$

第3章　総仕上げレベル

$$= \int_0^1 \int_0^{1-x_1} \int_0^{1-x_1-x_2} \cdots \int_0^{1-x_1-x_2-\cdots-x_{n-k-1}} \frac{(1-x_1-\cdots-x_{n-k})^k}{k!} dx_{n-k} \cdots dx_3 dx_2 dx_1$$

　　　　　　　　　　　　　　　　　　　　　　　　　　　　↑ k 回積分

$$\vdots$$

$$= \int_0^1 \frac{(1-x_1)^{n-1}}{(n-1)!} dx_1 \quad\leftarrow (k=)\ n-1\ \text{回積分}$$

となり，したがって，

$$V_n = \int_0^1 \frac{(1-x_1)^{n-1}}{(n-1)!} dx_1 = \frac{1}{n!}$$

となって，

$$V_n = \frac{1}{n!}$$

が得られる．

◇参 考

V_2：2 次元では，直角二等辺三角形の面積を表す．
V_3：3 次元では，三角錐の体積を表す．

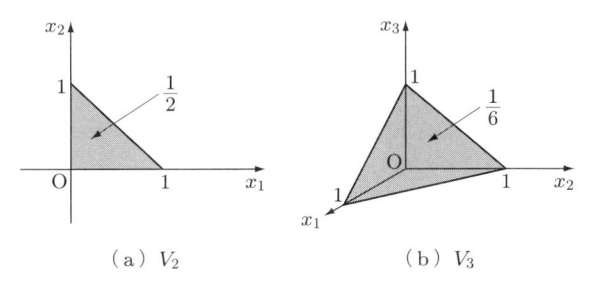

（a）V_2　　　　　　（b）V_3

図 3.4　V_2, V_3 のイメージ

演習13　λ を正の数とし，k を正の整数とします．次の確率密度関数をもつ分布をアーラン分布といいます．

$$f(x) = \begin{cases} \dfrac{(k\lambda)^k}{(k-1)!} x^{k-1} e^{-k\lambda x} & (x \geqq 0 \text{ のとき}) \\ 0 & (x < 0 \text{ のとき}) \end{cases}$$

第3章 総仕上げレベル

これは $k=1$ のとき指数分布となります．
アーラン分布に従う確率変数 X の期待値と分散を求めなさい．

解答 期待値：$\dfrac{1}{\lambda}$，分散：$\dfrac{1}{k\lambda^2}$

解説

$$\text{期待値}\quad E(X) = \int_0^\infty x f(x)\,dx = \frac{(k\lambda)^k}{(k-1)!}\int_0^\infty x^k e^{-k\lambda x}\,dx$$

ここで，$J(k) = \displaystyle\int_0^\infty x^k e^{-k\lambda x}\,dx$ とおいて，部分積分を行うと，

$$J(k) = \lim_{X\to\infty}\left[-\frac{x^k}{k\lambda}e^{-k\lambda x}\right]_{x=0}^{x=X} + \frac{1}{\lambda}\lim_{X\to\infty}\int_0^X x^{k-1}e^{-k\lambda x}\,dx$$

となり，第1項は0となって，第2項が残るので，

$$J(k) = \frac{1}{\lambda}\lim_{X\to\infty}\int_0^X x^{k-1}e^{-k\lambda x}\,dx \qquad \leftarrow \boxed{1\text{回目の部分積分（結果）}}$$

$$= \frac{1}{\lambda}\left(\lim_{X\to\infty}\left[-\frac{x^{k-1}}{k\lambda}e^{-k\lambda x}\right]_{x=0}^{x=X} + \lim_{X\to\infty}\frac{k-1}{k\lambda}\int_0^X x^{k-2}e^{-k\lambda x}\,dx\right)$$

となる．これも，第1項は0となって，

$$J(k) = \frac{k-1}{k\lambda^2}\lim_{X\to\infty}\int_0^X x^{k-2}e^{-k\lambda x}\,dx \qquad \leftarrow \boxed{2\text{回目の部分積分（結果）}}$$

$$= \frac{k-1}{k\lambda^2}\left(\lim_{X\to\infty}\left[-\frac{x^{k-2}}{k\lambda}e^{-k\lambda x}\right]_{x=0}^{x=X} + \lim_{X\to\infty}\frac{k-2}{k\lambda}\int_0^X x^{k-3}e^{-k\lambda x}\,dx\right)$$

$$= \frac{(k-1)(k-2)}{k^2\lambda^3}\lim_{X\to\infty}\int_0^X x^{k-3}e^{-k\lambda x}\,dx \qquad \leftarrow \boxed{3\text{回目の部分積分（結果）}}$$

$$\vdots$$

$$= \frac{(k-1)(k-2)\cdots(k-j+1)}{k^{j-1}\lambda^j}\lim_{X\to\infty}\int_0^X x^{k-j}e^{-k\lambda x}\,dx \qquad \leftarrow \boxed{j\text{回目の部分積分（結果）}}$$

となる．よって，$j=k$ 回目の部分積分の結果は，

第3章 総仕上げレベル

$$J(k) = \frac{(k-1)(k-2)\cdots 1}{k^{k-1}\lambda^k} \lim_{X \to \infty} \int_0^X e^{-k\lambda x} dx = \frac{(k-1)(k-2)\cdots 1}{k^{k-1}\lambda^k} \cdot \frac{1}{k\lambda}$$

$$= \frac{k!}{(k\lambda)^{k+1}} \qquad \cdots (1)$$

となり,

$$E(X) = \frac{(k\lambda)^k}{(k-1)!} J(k) = \frac{(k\lambda)^k}{(k-1)!} \cdot \frac{k!}{(k\lambda)^{k+1}} = \frac{k}{k\lambda} = \frac{1}{\lambda}$$

が得られる.

分散 $V(X) = E(X^2) - \{E(X)\}^2$ を求めるには, $E(X^2)$ を計算する必要がある.

$$E(X^2) = \frac{(k\lambda)^k}{(k-1)!} \int_0^\infty x^{k+1} e^{-k\lambda x} dx$$

である. ここで, $E(X^2)$ の $\int_0^\infty x^{k+1} e^{-k\lambda x} dx$ を計算すると,

$$\int_0^\infty x^{k+1} e^{-k\lambda x} dx = \lim_{X \to \infty} \left[-\frac{x^{k+1}}{k\lambda} e^{-k\lambda x} \right]_{x=0}^{x=X} + \lim_{X \to \infty} \frac{k+1}{k\lambda} \int_0^X x^k e^{-k\lambda x} dx$$

となり, 第1項が0となるので,

$$\int_0^\infty x^{k+1} e^{-k\lambda x} dx = \frac{k+1}{k\lambda} \cdot J(k)$$

となる. さらに, 式(1)を用いると,

$$\int_0^\infty x^{k+1} e^{-k\lambda x} dx = \frac{k+1}{k\lambda} \cdot \frac{k!}{(k\lambda)^{k+1}} = \frac{(k+1)!}{(k\lambda)^{k+2}}$$

となる. よって,

$$E(X^2) = \frac{(k\lambda)^k}{(k-1)!} \int_0^\infty x^{k+1} e^{-k\lambda x} dx = \frac{(k\lambda)^k}{(k-1)!} \frac{(k+1)!}{(k\lambda)^{k+2}} = \frac{k(k+1)}{k^2\lambda^2} = \frac{k+1}{k\lambda^2}$$

分散 $V(X) = E(X^2) - \{E(X)\}^2 = \frac{k+1}{k\lambda^2} - \frac{1}{\lambda^2} = \frac{1}{k\lambda^2}$

が得られる.

第3章 総仕上げレベル

◇ **参 考**

アーラン分布（Erlang distribution）は，銀行などの窓口でのサービス待ちや，スーパーのレジ待ちといった待ち行列の処理に関する数学的モデルとして，デンマークの数学者アーランが提唱した確率分布である．

本問で登場したアーラン分布の確率密度関数 $f(x) = \dfrac{(k\lambda)^k}{(k-1)!} x^{k-1} e^{-k\lambda x}$ の概形を調べてみる．図 3.5 に $f(x)$ のグラフを示す．

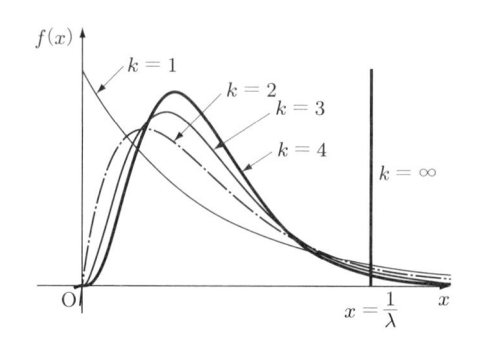

図 3.5 $f(x) = \dfrac{(k\lambda)^k}{(k-1)!} x^{k-1} e^{-k\lambda x}$ のグラフ

$f(x)$ のグラフの特徴は，次のようになる．

「$k=1$ では指数分布になり，① k が大きくなるにつれて尖った形になり，
② 最大値をとる x の値が大きくなってくる」

①の特徴は，本問で求めた分散が $\dfrac{1}{k\lambda^2}$ であることからわかるように，k が大きくなるほど分散は小さくなることから理解できる．

②の特徴は，$\dfrac{df}{dx} = \dfrac{(k\lambda)^k e^{-k\lambda x} x^{k-2} \{(k-1) - k\lambda x\}}{(k-1)!} = 0$ から，$x = \dfrac{k-1}{k\lambda} = \dfrac{1 - \dfrac{1}{k}}{\lambda}$ で最大値をとるので，k が大きくなるほど最大値をとる x の値は大きくなってグラフの右側へシフトすることがわかる．

$k \to \infty$ では，$x = \dfrac{1 - \dfrac{1}{k}}{\lambda}$ から $x = \dfrac{1}{\lambda}$ で最大値をとり，分散が 0 で $x = \dfrac{1}{\lambda}$ にピークをもつようになる．

なお，アーラン分布の確率密度分布は，

$$f_E(\lambda, k, x) = \dfrac{\lambda^k}{(k-1)!} x^{k-1} e^{-\lambda x} \qquad \cdots (2)$$

第3章 総仕上げレベル

で与えられることもある．本問では，最初の確率密度関数

$$f(x) = \frac{(k\lambda)^k}{(k-1)!} x^{k-1} e^{-k\lambda x} \qquad \cdots (3)$$

で与えられたが，式 (2) と式 (3) の待ち行列モデルの詳細な違いは専門書に譲るとして，グラフの形の違いだけをここで述べる．式 (2) のグラフを図 3.6 に示す．

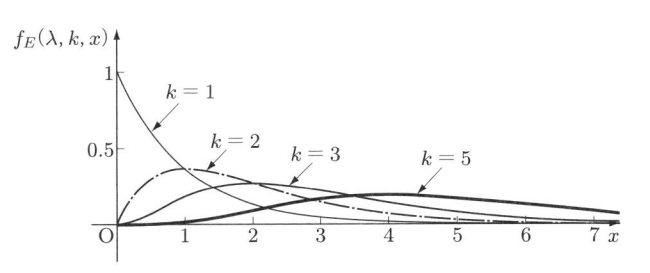

図 3.6 $f_E(\lambda, k, x) = \dfrac{\lambda^k}{(k-1)!} x^{k-1} e^{-\lambda x}$ のグラフ

この図は，$\lambda = 1$ とした $f_E(1, k, x) = \dfrac{1}{(k-1)!} x^{k-1} e^{-x}$ のグラフで，$k = 1$ では指数分布，$k \to \infty$ では平坦な一様分布となる．

また，$1 < k < \infty$ の場合，$\dfrac{df_E}{dx} = \dfrac{\lambda^k e^{-\lambda x}}{(k-1)!} x^{k-2}(k-1-\lambda x) = 0$ から $x = \dfrac{k-1}{\lambda}$ で極大値をとり，k が大きくなるほど最大値をとる x の値が大きくなってグラフの右側へシフトすることがわかる．

演習 14 行列 $A = \begin{pmatrix} 1 & 2 & 2 \\ 2 & 1 & 2 \\ 2 & 2 & 3 \end{pmatrix}$ について，次の問いに答えなさい．

(1) この行列の固有値をすべて求めなさい．

(2) (1) で求めた各固有値に対する固有ベクトルのなす正規直交系を求めなさい．

解 答 (1) $\lambda = -1,\ 3 \pm 2\sqrt{2}$ (2) $\begin{pmatrix} \dfrac{1}{2} & \dfrac{1}{2} & \dfrac{1}{\sqrt{2}} \\ \dfrac{1}{2} & \dfrac{1}{2} & -\dfrac{1}{\sqrt{2}} \\ \dfrac{1}{\sqrt{2}} & -\dfrac{1}{\sqrt{2}} & 0 \end{pmatrix}$

第3章 総仕上げレベル

◆解 説

(1) 固有方程式 $|A - \lambda I| = \begin{vmatrix} 1-\lambda & 2 & 2 \\ 2 & 1-\lambda & 2 \\ 2 & 2 & 3-\lambda \end{vmatrix} = 0$

$\begin{vmatrix} 1-\lambda & 2 & 2 \\ 2 & 1-\lambda & 2 \\ 2 & 2 & 3-\lambda \end{vmatrix}$ を直接展開してもよいが，以下のように計算するとよい．

> 第2行の (-1) 倍を第3行へ加える．

$\begin{vmatrix} 1-\lambda & 2 & 2 \\ 2 & 1-\lambda & 2 \\ 2 & 2 & 3-\lambda \end{vmatrix} = \begin{vmatrix} 1-\lambda & 2 & 2 \\ 2 & 1-\lambda & 2 \\ 0 & 1+\lambda & 1-\lambda \end{vmatrix}$

$= (1-\lambda)\{(1-\lambda)^2 - 2(1+\lambda)\} - 2\{2(1-\lambda) - 2(1+\lambda)\}$

$= -(\lambda+1)(\lambda^2 - 6\lambda + 1) = 0$

上式より，固有値は3つの異なる値をとって，$\lambda = -1, 3 \pm 2\sqrt{2}$ である．

(2) (i) 固有値 $\lambda = -1$ の場合

$$\begin{pmatrix} 1 & 2 & 2 \\ 2 & 1 & 2 \\ 2 & 2 & 3 \end{pmatrix} \begin{pmatrix} x \\ y \\ z \end{pmatrix} = -1 \begin{pmatrix} x \\ y \\ z \end{pmatrix}$$

なので，

$$\begin{cases} x + 2y + 2z = -x & \cdots(1) \\ 2x + y + 2z = -y & \cdots(2) \\ 2x + 2y + 3z = -z & \cdots(3) \end{cases}$$

式(1)と式(2)から，$x + y + z = 0$ $\cdots(4)$

式(3)から，$x + y + 2z = 0$ $\cdots(5)$

式(4), (5)から，$z = 0$

また，$x = -y$

すなわち，$\begin{pmatrix} x \\ y \\ z \end{pmatrix} = \begin{pmatrix} 1 \\ -1 \\ 0 \end{pmatrix}$ となる．

第3章 総仕上げレベル

これを正規化して，$\begin{pmatrix} x \\ y \\ z \end{pmatrix} = \dfrac{1}{\sqrt{2}} \begin{pmatrix} 1 \\ -1 \\ 0 \end{pmatrix}$ が得られる．

(ii) 固有値 $\lambda = 3 \pm 2\sqrt{2}$ の場合

$$\begin{pmatrix} 1 & 2 & 2 \\ 2 & 1 & 2 \\ 2 & 2 & 3 \end{pmatrix} \begin{pmatrix} x \\ y \\ z \end{pmatrix} = (3 \pm 2\sqrt{2}) \begin{pmatrix} x \\ y \\ z \end{pmatrix}$$

$$\begin{cases} x + 2y + 2z = (3 \pm 2\sqrt{2})x & \cdots(6) \\ 2x + y + 2z = (3 \pm 2\sqrt{2})y & \cdots(7) \\ 2x + 2y + 3z = (3 \pm 2\sqrt{2})z & \cdots(8) \end{cases}$$

式 (6) − 式 (7) から，

$$-(x-y) = (3 \pm 2\sqrt{2})(x-y)$$
$$(4 \pm 2\sqrt{2})(x-y) = 0$$
$$x = y \qquad \cdots(9)$$

式 (9) を式 (8) に代入して，

$$z = \pm\sqrt{2}\,x \qquad \cdots(10)$$

式 (9)，(10) から，$\begin{pmatrix} x \\ y \\ z \end{pmatrix} = \begin{pmatrix} 1 \\ 1 \\ \pm\sqrt{2} \end{pmatrix}$ となる．また，これを正規化して $\begin{pmatrix} x \\ y \\ z \end{pmatrix} = \dfrac{1}{2} \begin{pmatrix} 1 \\ 1 \\ \pm\sqrt{2} \end{pmatrix}$ が得られる．

したがって，固有ベクトルのなす正規直交系の 1 つとして，以下が得られる．

$$\begin{pmatrix} \dfrac{1}{2} & \dfrac{1}{2} & \dfrac{1}{\sqrt{2}} \\ \dfrac{1}{2} & \dfrac{1}{2} & -\dfrac{1}{\sqrt{2}} \\ \dfrac{1}{\sqrt{2}} & -\dfrac{1}{\sqrt{2}} & 0 \end{pmatrix}$$

第3章 総仕上げレベル

◇参 考

$A = \begin{pmatrix} 1 & 2 & 2 \\ 2 & 1 & 2 \\ 2 & 2 & 3 \end{pmatrix}$ は，対称行列（エルミート行列）であり，固有値はすべて実数で，対応する固有ベクトルは直交する．また，A は直交行列（ユニタリー行列）によって対角化が可能である．

(2)で求めた固有ベクトルのなす正規直交系を $P = \begin{pmatrix} \dfrac{1}{2} & \dfrac{1}{2} & \dfrac{1}{\sqrt{2}} \\ \dfrac{1}{2} & \dfrac{1}{2} & -\dfrac{1}{\sqrt{2}} \\ \dfrac{1}{\sqrt{2}} & -\dfrac{1}{\sqrt{2}} & 0 \end{pmatrix}$ として，実際に，$P^{-1}AP$ を求めてみる．ただし，(1)で求めた固有値を，$\lambda_1 = 3 + 2\sqrt{2}$，$\lambda_2 = 3 - 2\sqrt{2}$，$\lambda_3 = -1$ とする．

$P^{-1} = \begin{pmatrix} \dfrac{1}{2} & \dfrac{1}{2} & \dfrac{1}{\sqrt{2}} \\ \dfrac{1}{2} & \dfrac{1}{2} & -\dfrac{1}{\sqrt{2}} \\ \dfrac{1}{\sqrt{2}} & -\dfrac{1}{\sqrt{2}} & 0 \end{pmatrix}$ となって，${}^tP = P^{-1} (= P)$ なので P は直交行列（${}^tP$ は P の転置行列）．

$$P^{-1}AP = \begin{pmatrix} \dfrac{1}{2} & \dfrac{1}{2} & \dfrac{1}{\sqrt{2}} \\ \dfrac{1}{2} & \dfrac{1}{2} & -\dfrac{1}{\sqrt{2}} \\ \dfrac{1}{\sqrt{2}} & -\dfrac{1}{\sqrt{2}} & 0 \end{pmatrix} \begin{pmatrix} 1 & 2 & 2 \\ 2 & 1 & 2 \\ 2 & 2 & 3 \end{pmatrix} \begin{pmatrix} \dfrac{1}{2} & \dfrac{1}{2} & \dfrac{1}{\sqrt{2}} \\ \dfrac{1}{2} & \dfrac{1}{2} & -\dfrac{1}{\sqrt{2}} \\ \dfrac{1}{\sqrt{2}} & -\dfrac{1}{\sqrt{2}} & 0 \end{pmatrix}$$

$$= \begin{pmatrix} \sqrt{2} + \dfrac{3}{2} & \sqrt{2} + \dfrac{3}{2} & 2 + \dfrac{3}{\sqrt{2}} \\ -\sqrt{2} + \dfrac{3}{2} & -\sqrt{2} + \dfrac{3}{2} & 2 - \dfrac{3}{\sqrt{2}} \\ -\dfrac{1}{\sqrt{2}} & -\dfrac{1}{\sqrt{2}} & 0 \end{pmatrix} \begin{pmatrix} \dfrac{1}{2} & \dfrac{1}{2} & \dfrac{1}{\sqrt{2}} \\ \dfrac{1}{2} & \dfrac{1}{2} & -\dfrac{1}{\sqrt{2}} \\ \dfrac{1}{\sqrt{2}} & -\dfrac{1}{\sqrt{2}} & 0 \end{pmatrix}$$

$$= \begin{pmatrix} 3 + 2\sqrt{2} & 0 & 0 \\ 0 & 3 - 2\sqrt{2} & 0 \\ 0 & 0 & -1 \end{pmatrix} = \begin{pmatrix} \lambda_1 & 0 & 0 \\ 0 & \lambda_2 & 0 \\ 0 & 0 & \lambda_3 \end{pmatrix}$$

第3章 総仕上げレベル

よって，行列 $A = \begin{pmatrix} 1 & 2 & 2 \\ 2 & 1 & 2 \\ 2 & 2 & 3 \end{pmatrix}$ は対角化されることが確認できる．

演習 15 2変数関数 $f(x,y) = (x^2 - y)(y^2 - x)$ について次の問いに答えなさい．ただし，x, y は実数値をとるものとします．
(1) 停留点（$f_x(x,y) = f_y(x,y) = 0$ になる点）をすべて求めなさい．
(2) (1) で求めたそれぞれの停留点について，極大，極小であるか，または極値でないかどうかを判定しなさい．

解 答 (1) $(0,0)$, $\left(\dfrac{1}{2}, \dfrac{1}{2}\right)$, $(1,1)$

(2) $(0,0)$, $(1,1)$ では極大，極小でもない．$\left(\dfrac{1}{2}, \dfrac{1}{2}\right)$ では極大．

◈解 説

2変数関数 $f(x,y)$ の極大，極小を判定する基本的な問題である．
(1) $f(x,y) = (x^2 - y)(y^2 - x) = -x^3 - y^3 + x^2 y^2 + xy$ で，x, y について1次の偏導関数を求める．

$$f_x = -3x^2 + 2xy^2 + y = 0 \quad \cdots (1)$$
$$f_y = -3y^2 + 2x^2 y + x = 0 \quad \cdots (2)$$

式 (2) − 式 (1) より

$$3(x+y)(x-y) + 2xy(x-y) + (x-y) = 0$$
$$(x-y)(2xy + 3x + 3y + 1) = 0$$

となるから，$x = y$, または $2xy + 3x + 3y + 1 = 0$ である．
(ⅰ) $x = y$ の場合
 $y = x$ を式 (1) に代入して，

$$-3x^2 + 2x^3 + x = x(2x-1)(x-1) = 0$$

ゆえに，$x = 0, \dfrac{1}{2}, 1$ となる．$y = x$ なので，まずは3点 $(0,0)$, $\left(\dfrac{1}{2}, \dfrac{1}{2}\right)$, $(1,1)$ が停留点と考えられる．

第3章 総仕上げレベル

(ii) $2xy+3x+3y+1=0$ の場合

式 (1) + 式 (2) から,

$$-3(x^2+y^2)+2xy(x+y)+(x+y)=0$$

$2xy=-3x-3y-1$ を代入して整理すると,

$$2(x+y)^2+3(x+y)+1=0$$
$$\{2(x+y)+1\}(x+y+1)=0$$
$$x+y=-\frac{1}{2},\ -1$$

(a) $x+y=-\frac{1}{2}$ のとき

$$xy=\frac{-3(x+y)-1}{2}=\frac{-3\times\left(-\frac{1}{2}\right)-1}{2}=\frac{1}{4}$$

$x+y=-\frac{1}{2}$, $xy=\frac{1}{4}$ となる x, y は, $4t^2+2t+1=0$ を満たすが, 実数値として存在しない.

(b) $x+y=-1$ のとき

$$xy=\frac{-3(x+y)-1}{2}=\frac{-3\times(-1)-1}{2}=1$$

$x+y=-1$, $xy=1$ となる x, y は, $t^2+t+1=0$ を満たすが, 実数値として存在しない.

すなわち, $2xy+3x+3y+1=0$ の場合は, 実数値 x, y は存在しない.

(i), (ii) より, 求める停留点は,

$$(0,0),\quad \left(\frac{1}{2},\frac{1}{2}\right),\quad (1,1)$$

である.

(2) $\Delta=\begin{vmatrix} f_{xx} & f_{xy} \\ f_{xy} & f_{yy} \end{vmatrix}=\begin{vmatrix} -6x+2y^2 & 4xy+1 \\ 4xy+1 & -6y+2x^2 \end{vmatrix}$ として,

(i) 停留点 $(0,0)$ では, $\Delta=\begin{vmatrix} 0 & 1 \\ 1 & 0 \end{vmatrix}=-1<0$ なので, $(0,0)$ では, 極大でも極小でもない.

第3章　総仕上げレベル

(ii) 停留点 $\left(\dfrac{1}{2}, \dfrac{1}{2}\right)$ では，$\Delta = \begin{vmatrix} -\dfrac{5}{2} & 2 \\ 2 & -\dfrac{5}{2} \end{vmatrix} = \dfrac{9}{4} > 0$，$f_{xx} = f_{yy} = -\dfrac{5}{2} < 0$ なので，$\left(\dfrac{1}{2}, \dfrac{1}{2}\right)$ では極大となる．

(iii) 停留点 $(1,1)$ では，$\Delta = \begin{vmatrix} -4 & 5 \\ 5 & -4 \end{vmatrix} = -9 < 0$ なので，$(1,1)$ では，極大でも極小でもない．

◇ 参　考

2変数関数 $f(x,y)$ の極大，極小の判定法を以下にまとめる．

① 停留点（$f_x(x,y) = f_y(x,y) = 0$ になる点）を求め，極大，極小の候補となる点をみつける．

② ヘッセの行列式 $\Delta = \begin{vmatrix} f_{xx} & f_{xy} \\ f_{xy} & f_{yy} \end{vmatrix} \;(= f_{xx} f_{yy} - f_{xy}^2)$ を各停留点で計算する．

- ◎ $\Delta < 0$ ならば，極大でも極小でもない．
- ◎ $\Delta > 0$ で，f_{xx} (or f_{yy}) < 0 ならば，極大である．
- ◎ $\Delta > 0$ で，f_{xx} (or f_{yy}) > 0 ならば，極小である．
- ◎ $\Delta = 0$ ならば，このままでは判定できない（不明）．

3変数関数 $f(x,y,z)$ の極大，極小の判定法も参考までに記す．

① 停留点（$f_x(x,y,z) = f_y(x,y,z) = f_z(x,y,z) = 0$ になる点）を求め，極大，極小の候補点 (a,b,c) をみつける．

② $\Delta^{(1)} = f_{xx}$，$\Delta^{(2)} = \begin{vmatrix} f_{xx} & f_{xy} \\ f_{xy} & f_{yy} \end{vmatrix}$，$\Delta^{(3)} = \begin{vmatrix} f_{xx} & f_{xy} & f_{xz} \\ f_{xy} & f_{yy} & f_{yz} \\ f_{xz} & f_{yz} & f_{zz} \end{vmatrix}$ を候補点 (a,b,c) で計算し，下記のいずれかで判定する．

- ◎ $\Delta^{(1)} > 0$，$\Delta^{(2)} > 0$，$\Delta^{(3)} > 0$ ならば，$f(a,b,c)$ は極小値である．
- ◎ $\Delta^{(1)} < 0$，$\Delta^{(2)} > 0$，$\Delta^{(3)} < 0$ ならば，$f(a,b,c)$ は極大値である．
- ◎ $\Delta^{(1)} \geqq 0$，$\Delta^{(2)} \geqq 0$，$\Delta^{(3)} \geqq 0$ または，$\Delta^{(1)} \leqq 0$，$\Delta^{(2)} \leqq 0$，$\Delta^{(3)} \leqq 0$ ならば，このままでは判定できない（不明）．
- ◎ その他の場合，極大でも極小でもない．

この判定法は，n 変数関数にも拡張できる．

演習 16　ある化学反応で，時刻 t における目的の物質の濃度 $C(t)$ が，次の微分方程式で与えられています．a, b, L, S は正の定数で，$a \neq b$ とします．

第3章 総仕上げレベル

$$\frac{dC(t)}{dt} = -aLe^{-at} + b[S - C(t)]$$

$t=0$ のときの量を $C(0)=C_0$ とするとき,次の問いに答えなさい.
(1) $C(t)$ を t の関数として表しなさい.
(2) $a=0.3$, $b=0.4$, $L=30.0$, $S=16.0$, $C_0=14.5$ のとき,$C(t)$ が最小になる時刻 t の値を小数第1位まで求めなさい.

解 答 (1) $C(t) = S(1-e^{-bt}) + C_0 e^{-bt} - \dfrac{aL}{b-a}(e^{-at} - e^{-bt})$ (2) $t=2.7$

解 説

(1) $\dfrac{dC(t)}{dt} = -aLe^{-at} + b[S - C(t)]$ を変形して,

$$\frac{dC(t)}{dt} + bC(t) = bS - aLe^{-at}$$

が得られる.1階線形微分方程式の公式を利用して $C(t)$ を求める.

$$C(t) = e^{-bt}\left\{\int e^{bt}(bS - aLe^{-at})\,dt + A\right\} \quad (A \text{ は任意定数})$$

これを積分して整理すると,

$$C(t) = S - \frac{aL}{b-a}e^{-at} + Ae^{-bt} \qquad \cdots(1)$$

となる.

初期条件 $C(0) = C_0 = S - \dfrac{aL}{b-a} + A$ から,$A = C_0 - S + \dfrac{aL}{b-a}$ を式 (1) に代入して整理すると,

$$C(t) = S(1-e^{-bt}) + C_0 e^{-bt} - \frac{aL}{b-a}(e^{-at} - e^{-bt}) \qquad \cdots(2)$$

となる.

(2) $\dfrac{dC(t)}{dt} = -aLe^{-at} + b[S - C(t)] = 0$ なので,

$$aLe^{-bt} = b[S - C(t)]$$

第3章 総仕上げレベル

が得られる．式 (2) から，$C(t) = S - Se^{-bt} + C_0 e^{-bt} - \dfrac{aL}{b-a}(e^{-at} - e^{-bt})$ を代入して，

$$aLe^{-bt} = b\Big\{ S - S + Se^{-bt} - C_0 e^{-bt} + \dfrac{aL}{b-a}(e^{-at} - e^{-bt}) \Big\}$$

となる．e^{-at} と e^{-bt} を含む項にそれぞれまとめて整理すると，

$$\dfrac{a^2 L}{b(b-a)} e^{-at} = \Big\{ \dfrac{aL}{b-a} - (S - C_0) \Big\} e^{-bt} \qquad \cdots (3)$$

となる．$a = 0.3$，$b = 0.4$，$L = 30.0$，$S = 16.0$，$C_0 = 14.5$ を代入して，

$$\dfrac{a^2 L}{b(b-a)} = \dfrac{0.3^2 \times 30}{0.4(0.4 - 0.3)} = \dfrac{27}{0.04} = 67.5$$

$$\dfrac{aL}{b-a} - (S - C_0) = \dfrac{0.3 \times 30}{0.1} - 1.5 = 88.5$$

となるから，式 (3) は，

$$67.5 e^{-0.3t} = 88.5 e^{-0.4t}$$

となる．$\dfrac{e^{-0.3t}}{e^{-0.4t}} = e^{0.1t} = \dfrac{88.5}{67.5} = 1.311 \cdots$ であるから，$C(t)$ が最小になる時刻 t の値

$$t = 10 \log_e (1.311 \cdots) = 2.7087 \cdots = 2.7$$

が得られる．

◇参　考　1

式 (2) の $C(t)$ の時間的変化をグラフで調べてみる．

$$C(t) = S(1 - e^{-bt}) + C_0 e^{-bt} - \dfrac{aL}{b-a}(e^{-at} - e^{-bt})$$

に，$a = 0.3$，$b = 0.4$，$L = 30.0$，$S = 16.0$，$C_0 = 14.5$ を代入すると，

$$C(t) = 88.5 e^{-0.4t} - 90 e^{-0.3t} + 16$$
$$C(0) = C_0 = 14.5$$

となり，グラフは図 3.7 のようになる．

第3章　総仕上げレベル

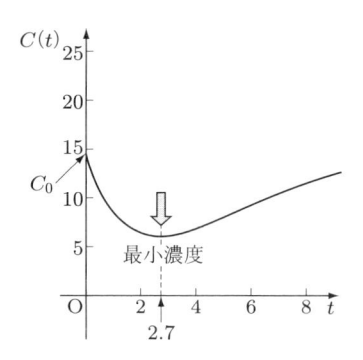

図3.7　$C(t) = 88.5e^{-0.4t} - 90e^{-0.3t} + 16$ のグラフ

◇ 参 考 2

本問に関連して，化学反応の1次反応と2次反応を紹介する．
◎1次反応（A → B）

物質Aの初濃度をa，時間tの間に濃度xだけ反応したとする．物質Bの生成速度$\dfrac{dx}{dt}$はAの濃度に比例するから，反応速度定数をk_1とすると，

$$\frac{dx}{dt} = k_1(a - x) \qquad \cdots (4)$$

で表せる．Bの濃度$x(t)$は，$x(0) = 0$なので，式(4)の解は

$$x(t) = a(1 - e^{-k_1 t})$$

で，Bの濃度は指数関数的に増加し，Aの初濃度に近づいていく．
一方，Aの濃度（$= a - x(t) = ae^{-k_1 t}$）は減少して0に近づいていく．
◎2次反応（A + B → C）

物質AおよびBの初濃度をそれぞれa，およびbとし，t時間の間にxだけ反応したとすると，時刻tにおけるAおよびBの濃度は，それぞれ$(a - x)$，$(b - x)$である．よって，物質Cの生成速度$\dfrac{dx}{dt}$は，A，Bそれぞれの濃度の積に比例するとして，

$$\frac{dx}{dt} = k_2(a - x)(b - x) \qquad \cdots (5)$$

と表される．式(5)の微分方程式を変数分離形として解く．$x(0) = 0$として，結果だけ示すと，

$$x(t) = \frac{ab(e^{(a-b)k_2 t} - 1)}{ae^{(a-b)k_2 t} - b} \quad (\because \text{Cの濃度})$$

となる．すなわち，時刻tのAおよびBの濃度は，それぞれ$(a - x)$，$(b - x)$だから，

$$\text{Aの濃度：} a - x = \frac{a(a - b)e^{(a-b)k_2 t}}{ae^{(a-b)k_2 t} - b}$$

第3章　総仕上げレベル

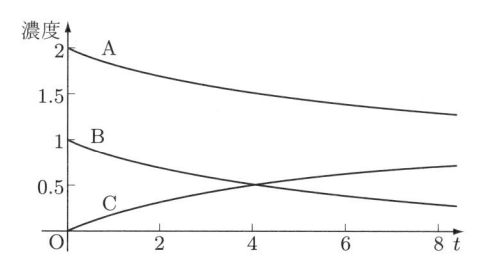

図3.8　2次反応における A, B, C の濃度の時間的推移

$$\text{B の濃度}：b - x = \frac{b(a-b)}{ae^{(a-b)k_2 t} - b}$$

となる．

簡単のため，$a = 2$, $b = 1$, $k_2 = 0.1$ として，A, B, および C の濃度の推移のグラフを図 3.8 に示す．

▶ 練 習 問 題 ◀

1 次の連立方程式を複素数の範囲で解きなさい．

$$\begin{cases} x^3 + xy + y^3 = 11 \\ x^3 - xy + y^3 = 7 \end{cases}$$

2 次の極限値を求めなさい．

$$\lim_{n \to \infty} (\log_e n)^{-1} \cdot \sum_{k=1}^{n} \frac{{}_n C_k (-1)^{k+1}}{k}$$

3 次のダランベールの微分方程式を解きなさい．

$$y = 2x \frac{dy}{dx} + \left(\frac{dy}{dx}\right)^2$$

4 ω を $x^3 = 1$ の虚数解の1つとするとき，次の行列式 D の2乗の値を求めなさい．

$$D = \begin{vmatrix} 1 & \omega & \omega^2 & 1 \\ \omega & \omega^2 & 1 & 1 \\ \omega^2 & 1 & 1 & \omega \\ 1 & 1 & \omega & \omega^2 \end{vmatrix}$$

第3章 総仕上げレベル

5 定積分 $\int_0^1 \dfrac{x^2+1}{x^4+1}\,dx$ を求めなさい．

6 次の行列式を計算しなさい．

$$\begin{vmatrix} a^2+1 & ab & ac & ad \\ ba & b^2+1 & bc & bd \\ ca & cb & c^2+1 & cd \\ da & db & dc & d^2+1 \end{vmatrix}$$

7 $2n$ 個（n は正の整数）の複素数 $2n+i,\ (2n-1)+2i,\ \ldots,\ 2+(2n-1)i,\ 1+2ni$ の積を計算し，その実部を求めなさい．

8 $(1-x+x^2)^{-1}$ と $(1-x-2x^2)^{-1}$ を x のべき級数に展開して，x^n の係数をそれぞれ p_n，q_n とします．このとき，

$$3q_n - p_{3n}$$

を求めなさい．

9 $x = x(t)$，$y = y(t)$ を独立変数 t の関数とするとき，次の問いに答えなさい．
(1) 次の微分方程式を解きなさい．

$$\dfrac{dx}{dt} = y(t),\quad x(0) = 1,\quad x^2(t) - y^2(t) = 1$$

(2) (1)で求めた $x = x(t)$，$y = y(t)$ のグラフのそれぞれの概形を同一座標上にかきなさい．

10 実数 $x\ (\neq 0)$ についての関数列 $\{a_n(x)\}$ ($n=1,\ 2,\ 3,\ldots$) が下のように構成されています．このとき，次の問いに答えなさい．

$$a_1(x) = \cos\dfrac{x}{2},\quad a_n(x) = a_1(x)\,a_{n-1}\!\left(\dfrac{x}{2}\right)\quad (n=2,3,\ldots)$$

(1) $\displaystyle\lim_{n\to\infty} a_n(x)$ を求めなさい．
(2) (1) より Vièta の公式

第3章　総仕上げレベル

$$\frac{2}{\pi} = \sqrt{\frac{1}{2}} \times \sqrt{\frac{1}{2} + \frac{1}{2}\sqrt{\frac{1}{2}}} \times \sqrt{\frac{1}{2} + \frac{1}{2}\sqrt{\frac{1}{2} + \frac{1}{2}\sqrt{\frac{1}{2}}}} \times \cdots$$

を導きなさい．

11 a, b, c が実数であるとき，次の行列の階数を求めなさい．

$$\begin{pmatrix} a & b & c \\ c & a & b \\ b & c & a \end{pmatrix}$$

12 $x = a\sin\theta$, $y = b\cos\theta$ ($a > b$) は楕円の方程式です．その周長 s は

$$s = 2\pi a\left\{1 - \frac{1}{4}k^2 - \frac{3}{64}k^4 - \frac{5}{256}k^6 - \cdots\right\}$$

と表されることを示しなさい．ただし，$k = \dfrac{\sqrt{a^2-b^2}}{a} < 1$ とします．

13 一辺が1の正三角形を図のように並べて一辺が n の正三角形をつくると，大小いろいろの正三角形ができます．このとき，次の問いに答えなさい．

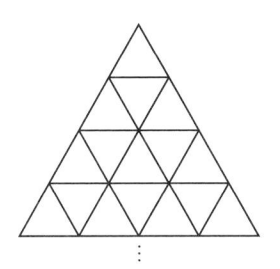

(1) 上向きの正三角形は大小あわせて全部でいくつありますか．
(2) 下向きの正三角形は大小あわせて全部でいくつありますか．
(3) (1)と(2)を用いて，できる正三角形の総数を n の式で表しなさい．

14 $\cos 40°$, $\cos 80°$, $\cos 160°$ の値を解とする整数係数の3次方程式を求めなさい．答えは最高次の係数が正，かつ係数全体の公約数が1以外にないように標準化した形で求めなさい．

実用数学技能検定1級
模擬検定問題

「数学検定」実用数学技能検定（模擬）

1 級

〈1次：計算技能検定〉

◎検定時間は**60分**です．
◎**電卓・ものさし・コンパス・分度器**を使用することができません．

問題1. 関数 $f(x)$ を次のように定めます．ただし，a, b, c, d は定数とします．

$$f(x) = \begin{cases} 2x-2 & (x<0 \text{ のとき}) \\ ax^3+bx^2+cx+d & (0 \leqq x<2 \text{ のとき}) \\ -2 & (x \geqq 2 \text{ のとき}) \end{cases}$$

この関数 $f(x)$ および導関数 $f'(x)$ がすべての x について連続であるとき，定数 a, b, c, d の値を求めなさい．

問題2. $\tan^{-1} x + \cos^{-1} \dfrac{y}{\sqrt{1+y^2}} = \tan^{-1} 4$

が成り立つような正の整数 x, y の値を求めなさい．ただし，$y=\tan^{-1} x$，$y=\cos^{-1} x$ はそれぞれ，$y=\tan x$，$y=\cos x$ の逆関数の主値を示します．

1次：計算技能検定

問題3. 次の問いに答えなさい．

① $\dfrac{1}{n^2(n+1)^2}$ を部分分数に分解しなさい．

② 級数 $\displaystyle\sum_{n=1}^{\infty} \dfrac{1}{n^2(n+1)^2}$ の値を求めなさい．ただし，$\displaystyle\sum_{n=1}^{\infty} \dfrac{1}{n^2} = \dfrac{\pi^2}{6}$ を用いてもかまいません．

問題4. 3次正方行列 $A = \begin{pmatrix} 1 & 2 & -2 \\ 3 & -2 & -1 \\ -1 & 0 & 1 \end{pmatrix}$ とするとき，次の問いに答えなさい．

① I_3 を3次の単位行列とするとき，行列 $xI_3 - A$ の行列式を x の整式で表しなさい．
② $2A^5 - 23A^3 + 4A^2 + 9A$ を計算しなさい．

問題5. 下のように定義された数列 $\{a_n\}$ について，次の問いに答えなさい．

$$\left(1 + \dfrac{a_n}{n}\right)^n = \dfrac{2n+1}{n} \quad (n = 1, 2, 3, \ldots)$$

① a_n を求めなさい．
② $\displaystyle\lim_{n\to\infty} a_n$ を求めなさい．

実用数学技能検定1級　模擬検定問題

問題6. Aの袋にそれぞれ2, 4, 6の数字を書いたカードが1枚ずつ入っています. Bの袋にそれぞれ1, 3, 5の数字を書いたカードが1枚ずつ入っています. いまAの袋から無作為に1枚のカードを取り出し, その数をXとします. 次にそのカードを戻さないで, $X=6$ならばBの袋から, $X=2$または4ならばAの袋から, 無作為に1枚のカードを取り出し, その数をYとします. 両者の和$X+Y$で表される確率分布について, 次の問いに答えなさい.

① 平均値（期待値）を求めなさい.
② 分散を求めなさい.

問題7. 次の積分の値をそれぞれ求めなさい.

① $\displaystyle\int_0^1 dx \int_0^1 \frac{x-y}{(x+y)^3}\, dy$

② $\displaystyle\int_0^1 dy \int_0^1 \frac{x-y}{(x+y)^3}\, dx$

「数学検定」実用数学技能検定（模擬）

1 級

〈2次：数理技能検定〉

◎検定時間は **120分** です．
◎**電卓** を使用することができます．
◎問題1～5は選択問題です．2題を選択してください．問題6・7は必須問題です．

問題1.（選択）

正の数 a, b, c は $\dfrac{1}{a} + \dfrac{1}{b} + \dfrac{1}{c} = \dfrac{1}{abc}$ を満たします．このとき，次の問いに答えなさい．
（証明技能）

(1) 次の等式が成り立つことを証明しなさい．

$$\sqrt{1+a^2}\sqrt{1+b^2} = (a+b)\sqrt{1+c^2}$$

(2) $A = \sqrt{1+a^2} + 1 - a$, $B = \sqrt{1+b^2} + 1 - b$, $C = \sqrt{1+c^2} + 1 - c$ とするとき，$AB + BC + CA - 2(A+B+C)$ は定数になることを証明し，その値を求めなさい．

問題2.（選択）

次の問いに答えなさい．

(1) $\cot 7.5° = \sqrt{6} + \sqrt{4} + \sqrt{3} + \sqrt{2}$ となることを示しなさい．

ただし，$\cot x = \dfrac{1}{\tan x}$ です．

(2) $(\sqrt{6} + \sqrt{4} + \sqrt{3} + \sqrt{2} + i)^{12}$ を求め，できるだけ簡単な形で答えなさい．

ただし，i は虚数単位（$i^2 = -1$）です．

実用数学技能検定1級　模擬検定問題

問題3.（選択）

数列 $\{a_n\}$ $(n=1, 2, 3, \ldots)$ が

$$1,\ 2,\ 4,\ 5,\ 7,\ 8,\ 10,\ 11,\ 13,\ 14,\ \ldots$$

で与えられています．このとき，次の問いに答えなさい．

(1) 第 n 項 a_n を n の式で表しなさい．

(2) 級数 $S_n = \displaystyle\sum_{k=1}^{n} a_k^2 = 1651$ となる n の値を求めなさい．

問題4.（選択）

複素数平面上で，複素数 α, β, γ の表す点をそれぞれ A，B，C とし，△ABC の面積を S とします．$\alpha + \beta + \gamma = 0$ であるとき，等式

$$\frac{(4S)^2}{3} = (|\alpha|^2 + |\beta|^2 + |\gamma|^2)^2 - |\alpha^2 + \beta^2 + \gamma^2|^2$$

が成り立つことを証明しなさい．　　　　　　　　　　　　　　　　　　　　（証明技能）

問題5.（選択）

常微分方程式

$$(x + \varepsilon y)\frac{dy}{dx} + y = 0, \quad y(1) = 1 \quad (-\infty < x < \infty)$$

について，次の問いに答えなさい．ここで，ε は $0 < \varepsilon < 1$ の定数です．

(1) x を y の関数と考えて，この微分方程式を $x = x(y)$ の形で解を求めなさい．

(2) (1) で求めた解を $y = y(x)$ とするとき，$\displaystyle\lim_{x \to 0} y(x)$ はどのようになるでしょうか．もし極限値が存在するならば，その値を求めなさい．

2次：数理技能検定

問題6.（必須）

次の n 次の行列式 Δ_n を計算しようと思います．それを次の順に実行しなさい．

$$\Delta_n = \begin{vmatrix} 1+x^2 & x & 0 & 0 & \cdots & 0 \\ x & 1+x^2 & x & 0 & \cdots & 0 \\ 0 & x & 1+x^2 & x & \cdots & 0 \\ 0 & 0 & x & 1+x^2 & \cdots & 0 \\ \multicolumn{6}{c}{\dotfill} \\ \multicolumn{6}{c}{\dotfill \quad x \quad 1+x^2} \end{vmatrix}$$

(1) 漸化式

$$\Delta_n = (1+x^2)\Delta_{n-1} - x^2 \Delta_{n-2} \quad (n \geqq 3)$$

$$\Delta_1 = 1+x^2, \quad \Delta_2 = x^2 \Delta_1 + 1$$

を導きなさい．

(2) Δ_n を計算しなさい．

問題7.（必須）

半球面 $x^2+y^2+z^2 = a^2$，$z \geqq 0$（底面の円の部分を含まない）が2個の直円柱体

$$\left(x-\frac{a}{2}\right)^2 + y^2 = \left(\frac{a}{2}\right)^2, \quad \left(x+\frac{a}{2}\right)^2 + y^2 = \left(\frac{a}{2}\right)^2$$

によって切り取られた残りの部分の面積を求めなさい．ただし，$a>0$ とします．

練習問題解答・解説

第1章 ウォーミングアップレベル

1 6

◈ **解　説**

$g(x) = x^5 + x^4 + x^3 + x^2 + x + 1$ で $g(-1) = 0$ から，因数定理を適用して，
$$g(x) = (x+1)(x^4 + x^2 + 1)$$

$g(x^{12})$ を $g(x)$ で割るときの商を $G(x)$，余りを $R(x)$ として，
$$g(x^{12}) = g(x)G(x) + R(x) = (x+1)(x^4 + x^2 + 1)G(x) + R(x) \quad \cdots(1)$$

式 (1) から，$g(x^{12})$ を $x+1$ で割った商は $(x^4 + x^2 + 1)G(x)$，余り $R(x)$ は x の 0 次（定数）の R と考えられる．すなわち，
$$g(x^{12}) = (x+1)(x^4 + x^2 + 1)G(x) + R \quad \cdots(2)$$

また，
$$g(x^{12}) = (x^{12})^5 + (x^{12})^4 + (x^{12})^3 + (x^{12})^2 + x^{12} + 1 \quad \cdots(3)$$

式 (2) と式 (3) から，
$$(x^{12})^5 + (x^{12})^4 + (x^{12})^3 + (x^{12})^2 + x^{12} + 1 = (x+1)(x^4 + x^2 + 1)G(x) + R \quad \cdots(4)$$

式 (4) に $x = -1$ を代入して，$x^{12} = 1$ なので，
$$(1)^5 + (1)^4 + (1)^3 + (1)^2 + 1 + 1 = R$$

すなわち，$R = 6$ が得られる．

◇ **参　考**

$f(x)$ は x の n 次多項式，$g(x)$ を x の m 次多項式として，$f(x)$ を $g(x)$ で割るとき，$n \geqq m$ で，$q(x)$ を商，$r(x)$ を余り（剰余）として
$$f(x) = g(x)q(x) + r(x)$$

と表せる．

このとき，商 $q(x)$ は $(n-m)$ 次多項式，余り $r(x)$ は割った整式 $g(x)$ の次数 m 未満，すなわち $(m-1)$ 次以下の多項式となることに注意する．

第1章 ウォーミングアップレベル

2 $x=3, y=1$

◇解説

$$\begin{cases} (x+y)(x^2+y^2) = \dfrac{40}{3}xy & \cdots(1) \\ (x^2+y^2)(x^4-y^4) = \dfrac{800}{9}x^2y^2 & \cdots(2) \end{cases}$$

式 (1) の両辺を 2 乗すると,

$$(x+y)^2(x^2+y^2)^2 = \frac{1600}{9}x^2y^2 = 2 \cdot \frac{800}{9}x^2y^2$$

式 (2) を代入すると,

$$(x+y)^2(x^2+y^2)^2 = 2(x^2+y^2)(x^4-y^4)$$
$$(x+y)^2(x^2+y^2)^2 = 2(x^2+y^2)(x^2+y^2)(x^2-y^2) \quad \cdots(3)$$

$xy \neq 0$ から, $x^2+y^2 \neq 0$ であり, 式 (3) を $(x^2+y^2)^2$ で割ると $(x+y)^2 = 2(x^2-y^2)$, すなわち,

$$(x+y)^2 = 2(x+y)(x-y)$$
$$(x+y)(x-3y) = 0$$

よって, $x+y=0$, または $x-3y=0$

(i) $x+y=0$ のとき

式 (1) に $y=-x$ を代入して, $0 = -\dfrac{40}{3}x^2$ すなわち $x=0$

これは $xy \neq 0$ に反するので不適.

(ii) $x-3y=0$ のとき

式 (1) に $x=3y$ を代入して

$$y^2(y-1) = 0$$
$$y=0, \text{ または } y=1$$

$y=0$ では, $xy \neq 0$ に反するので不適.
$y=1$ では, $x=3y$ から $x=3$ が得られる.

3 ① 0 ② -2

◇解説

固有方程式 $\det(\lambda E - A) = \begin{vmatrix} \lambda-1 & -4 & 1 \\ 2 & \lambda-2 & 0 \\ 0 & -3 & \lambda+3 \end{vmatrix} = 0$

行列式を展開して, 次の固有方程式が得られる.

$$\lambda^3 + \lambda + 24 = 0 \quad \cdots(1)$$

練習問題解答・解説

式(1)はλに関する3次方程式で、解と係数の関係から

$$\lambda_1 + \lambda_2 + \lambda_3 = 0 \qquad \cdots(2)$$
$$\lambda_1\lambda_2 + \lambda_2\lambda_3 + \lambda_3\lambda_1 = 1 \qquad \cdots(3)$$
$$\lambda_1\lambda_2\lambda_3 = -24 \qquad \cdots(4)$$

① 式(2)から、$\lambda_1 + \lambda_2 + \lambda_3 = 0$

② $\lambda_1{}^2 + \lambda_2{}^2 + \lambda_3{}^2 = (\lambda_1 + \lambda_2 + \lambda_3)^2 - 2(\lambda_1\lambda_2 + \lambda_2\lambda_3 + \lambda_3\lambda_1)$
$= 0 - 2 \times 1 = -2$

◇ 参 考(別解)

固有値に関して以下の性質を知っていると便利である.

n次正方行列$A = (a_{ij})$がn個の固有値$\lambda_1, \lambda_2, \ldots, \lambda_n$をもつとする.また、$A$の対角成分の和をトレースといい、$\mathrm{tr}(A)$で表す.すなわち、$\mathrm{tr}(A) = \sum_{i=1}^{n} a_{ii}$.

このとき、以下の性質がある.

◎ $\mathrm{tr}(A) = \lambda_1 + \lambda_2 + \cdots + \lambda_n$
◎ $\mathrm{tr}(A^p) = \lambda_1{}^p + \lambda_2{}^p + \cdots + \lambda_n{}^p \quad (p \geqq 1)$

$A = \begin{pmatrix} 1 & 4 & -1 \\ -2 & 2 & 0 \\ 0 & 3 & -3 \end{pmatrix}$ に対し、この性質を適用すると、次のことがいえる.

① $\lambda_1 + \lambda_2 + \lambda_3 = \mathrm{tr}(A)$ から、

$$\lambda_1 + \lambda_2 + \lambda_3 = 1 + 2 - 3 = 0$$

② $\lambda_1{}^2 + \lambda_2{}^2 + \lambda_3{}^2 = \mathrm{tr}(A^2)$ の関係を使うと、

$$A^2 = \begin{pmatrix} 1 & 4 & -1 \\ -2 & 2 & 0 \\ 0 & 3 & -3 \end{pmatrix} \begin{pmatrix} 1 & 4 & -1 \\ -2 & 2 & 0 \\ 0 & 3 & -3 \end{pmatrix} = \begin{pmatrix} -7 & 9 & 2 \\ -6 & -4 & 2 \\ -6 & -3 & 9 \end{pmatrix}$$

$\mathrm{tr}(A^2) = \lambda_1{}^2 + \lambda_2{}^2 + \lambda_3{}^2 = -7 - 4 + 9 = -2$

あわせて、$\lambda_1{}^3 + \lambda_2{}^3 + \lambda_3{}^3$の計算も行ってみよう.$\mathrm{tr}(A^3) = \lambda_1{}^3 + \lambda_2{}^3 + \lambda_3{}^3$から求められるはずである.

$A^2 = \begin{pmatrix} -7 & 9 & 2 \\ -6 & -4 & 2 \\ -6 & -3 & 9 \end{pmatrix}$ を使って、$A^3 (= A^2 A)$を計算すると、

$$A^3 = \begin{pmatrix} -7 & 9 & 2 \\ -6 & -4 & 2 \\ -6 & -3 & 9 \end{pmatrix} \begin{pmatrix} 1 & 4 & -1 \\ -2 & 2 & 0 \\ 0 & 3 & -3 \end{pmatrix} = \begin{pmatrix} -25 & -4 & 1 \\ 2 & -26 & 0 \\ 0 & -3 & -21 \end{pmatrix}$$

$\mathrm{tr}(A^3) = \lambda_1{}^3 + \lambda_2{}^3 + \lambda_3{}^3 = -25 - 26 - 21 = -72$

が得られる.

第1章 ウォーミングアップレベル

さて，$\lambda_1{}^3 + \lambda_2{}^3 + \lambda_3{}^3 - 3\lambda_1\lambda_2\lambda_3 = (\lambda_1 + \lambda_2 + \lambda_3)(\lambda_1{}^2 + \lambda_2{}^2 + \lambda_3{}^2 - \lambda_1\lambda_2 - \lambda_2\lambda_3 - \lambda_3\lambda_1)$
から，式 (2)〜(4) を使って，

$$\lambda_1{}^3 + \lambda_2{}^3 + \lambda_3{}^3 - 3(-24) = 0$$

から，

$$\lambda_1{}^3 + \lambda_2{}^3 + \lambda_3{}^3 = -72$$

となって，結果は一致することがわかる．

4 $x = 1,\ 4,\ \dfrac{3 \pm \sqrt{5}}{2}$

◈ **解 説**

移項して整理すれば，

$$x^4 - 8x^3 + 20x^2 - 17x + 4 = 0$$

$f(x) = x^4 - 8x^3 + 20x^2 - 17x + 4$ として，因数定理を使う．$f(1) = 0$ から，$f(x)$ は $x - 1$ の因数をもつことがわかる．

$$f(x) = x^4 - 8x^3 + 20x^2 - 17x + 4 = (x-1)(x^3 - 7x^2 + 13x - 4)$$

次に，$g(x) = x^3 - 7x^2 + 13x - 4$ が x の 1 次の因数をもつかどうかを調べる．ウォーミングアップレベル**演習1**の【参考】でも触れたが，$g(x) = x^3 - 7x^2 + 13x - 4$ の定数項 -4 の約数を入れてみて，$g(4) = 0$ となり，$g(x)$ は，$x - 4$ の因数をもつことがわかる．すなわち，

$$f(x) = (x-1)(x-4)(x^2 - 3x + 1) = 0$$

から，$x = 1,\ 4,\ \dfrac{3 \pm \sqrt{5}}{2}$ が得られる．

◇ **参 考**

最初から移項しないで，以下のように右辺と左辺の整式が $x - 1$ で割ったときの余りが 1 に等しくなることに注目して，

$$x^4 - 7x^3 + 14x^2 - 8x + 1 = (x-1)(x^3 - 6x^2 + 8x) + 1$$
$$x^3 - 6x^2 + 9x - 3 = (x-1)(x^2 - 5x + 4) + 1$$

よって，

$$(x-1)(x^3 - 6x^2 + 8x) + 1 = (x-1)(x^2 - 5x + 4) + 1$$
$$(x-1)(x^3 - 7x^2 + 13x - 4) = 0$$

としてもよい．

練習問題解答・解説

5 $y = C_1 e^{\frac{5}{2}x} + C_2 e^{-7x} + 3x - 2$ （C_1, C_2 は任意定数）

◈ 解 説

$2y'' + 9y' - 35y + 105x - 97 = 0$ の一般解は，同次方程式 $2y'' + 9y' - 35y = 0$ の基本解 (y_1, y_2) の任意定数を係数とした一次結合と，非同次方程式 $2y'' + 9y' - 35y = -105x + 97$ の特殊解 y_p との和 $C_1 y_1 + C_2 y_2 + y_p$ で表される（C_1, C_2 は任意定数）．

まずは，同次方程式 $2y'' + 9y' - 35y = 0$ の基本解を求める．$e^{\lambda x}$ とおけば，特性方程式 $2\lambda^2 + 9\lambda - 35 = 0$ から，$\lambda = \dfrac{5}{2}, -7$ すなわち，基本解 $e^{\frac{5}{2}x}$ と e^{-7x} の一次結合

$$C_1 e^{\frac{5}{2}x} + C_2 e^{-7x} \qquad \cdots(1)$$

が求められる．

また，

$$2y'' + 9y' - 35y = -105x + 97 \qquad \cdots(2)$$

の特殊解 y_p は，式 (2) の右辺の関数形から，$y_p = Ax + B$ とおいて，A, B を求めてみる．$y_p = Ax + B$, $y_p' = A$, $y_p'' = 0$ を式 (2) に代入して，

$$9A - 35(Ax + B) = -105x + 97$$

となり，両辺の x の係数を比較すると，$-35A = -105$, $9A - 35B = 97$ から，$A = 3$, $B = -2$ となって，特殊解 $y_p = 3x - 2$ が得られる．

したがって，一般解は，

$$y = C_1 e^{\frac{5}{2}x} + C_2 e^{-7x} + 3x - 2 \qquad (C_1, C_2 \text{ は任意定数})$$

◇ 参 考

定係数の非同次 2 階線形微分方程式 $y'' + ay' + by = f(x)$ の特殊解 y_p は，$f(x)$ が特別な関数形であれば，次のような方法で求められる場合が多い．

① $f(x) = a'x^2 + b'x + c'$ のとき，$y_p = Ax^2 + Bx + C$ とおいてみて，A, B, C を求める．一般的に $f(x)$ が n 次多項式ならば，y_p も n 次多項式になる．

② $f(x) = a'e^{\alpha x}$ のとき，$y_p = Ae^{\alpha x}$ とおいてみて，A を求める．

③ $f(x) = a' \sin \alpha x + b' \cos \alpha x$ のとき，$y_p = A \sin \alpha x + B \cos \alpha x$ とおいてみて，A, B を求める．

④ $f(x) = e^{\alpha x}(a' \sin \beta x + b' \cos \beta x)$ のとき，$y_p = e^{\alpha x}(A \sin \beta x + B \cos \beta x)$ とおいてみて，A, B を求める．

また，$f(x)$ が上記の①から④の和であれば，y_p もこれらの和として考えてみる．

・別 解

2 階線形微分方程式 $y'' + p(x)y' + q(x)y = f(x)$ について，同次方程式 $y'' + p(x)y' + q(x)y = 0$ の 2 つの基本解 $y_1 = e^{\frac{5}{2}x}$ と $y_2 = e^{-7x}$ がわかったら，特殊解 y_p は以下のよう

第1章 ウォーミングアップレベル

にして求めることが可能である．

$$y_p = y_2(x) \int \frac{y_1(x)f(x)}{W[y_1, y_2]}\,dx - y_1(x) \int \frac{y_2(x)f(x)}{W[y_1, y_2]}\,dx$$

ここで，$W[y_1, y_2]$ はロンスキアンである．本問では，$2y'' + 9y' - 35y + 105x - 97 = 0$ より，

$$y'' + \frac{9}{2}y' - \frac{35}{2}y = \frac{1}{2}(-105x + 97)$$

基本解 $y_1 = e^{\frac{5}{2}x}$ と $y_2 = e^{-7x}$ から，ロンスキアン $W[y_1, y_2]$ は，

$$W[y_1, y_2] = \begin{vmatrix} e^{\frac{5}{2}x} & e^{-7x} \\ \frac{5}{2}e^{\frac{5}{2}x} & -7e^{-7x} \end{vmatrix} = -\frac{19}{2}e^{-\frac{9}{2}x}$$

となる．また，$f(x) = \frac{1}{2}(-105x + 97)$ なので，

$$\begin{aligned}
y_p &= e^{-7x} \int \frac{e^{\frac{5}{2}x} \times \frac{1}{2}(-105x+97)}{-\frac{19}{2}e^{-\frac{9}{2}x}}\,dx - e^{\frac{5}{2}x}\int \frac{e^{-7x} \times \frac{1}{2}(-105x+97)}{-\frac{19}{2}e^{-\frac{9}{2}x}}\,dx \\
&= -\frac{e^{-7x}}{19}\int e^{7x}(-105x+97)\,dx + \frac{e^{\frac{5}{2}x}}{19}\int e^{-\frac{5}{2}x}(-105x+97)\,dx \\
&= -\frac{e^{-7x}}{19}(-15x+16)e^{7x} + \frac{e^{\frac{5}{2}x}}{19}(42x-22)e^{-\frac{5}{2}x} = 3x - 2
\end{aligned}$$

と特殊解が求められる．

6 $y^{(3)} = f^{(3)}(g(x))\{g'(x)\}^3 + 3f''(g(x))g'(x)g''(x) + f'(g(x))g^{(3)}(x)$

◇解 説

合成関数の微分則を正確に適用すれば，とくに問題ないだろう．

$$\begin{aligned}
y &= f(g(x)) \\
y' &= f'(g(x))g'(x) \\
y'' &= f''(g(x))g'(x)g'(x) + f'(g(x))g''(x) = f''(g(x))\{g'(x)\}^2 + f'(g(x))g''(x) \\
y^{(3)} &= f^{(3)}(g(x))\{g'(x)\}^3 + f''(g(x))2g'(x)g''(x) + f''(g(x))g'(x)g''(x) \\
&\quad + f'(g(x))g^{(3)}(x) \\
&= f^{(3)}(g(x))\{g'(x)\}^3 + 3f''(g(x))g'(x)g''(x) + f'(g(x))g^{(3)}(x)
\end{aligned}$$

練習問題解答・解説

◇ 参 考 ─────────────────────────────

合成関数の導関数は，以下のように Bell（ベル）の多項式で表される．

$y'(g(x))$ の導関数は，$g_i = \dfrac{d^i g(x)}{dx^i}$，$f_i = \left[\dfrac{d^i f(y)}{dy^i}\right]_{y=g(x)} = \dfrac{d^i f(g(x))}{dg(x)^i}$ とおけば，

$$y' = f'(g(x))g'(x) = f_1 g_1$$

ここで，

$$(f_i)' = \frac{d}{dx}\left(\frac{d^i f(g(x))}{dg(x)^i}\right) = \frac{d}{dg(x)}\left(\frac{d^i f(g(x))}{dg(x)^i}\right)\frac{dg(x)}{dx} = \frac{d^{i+1} f(g(x))}{dg(x)^{i+1}}\cdot\frac{dg(x)}{dx} = f_{i+1}g_1$$

$$(g_i)' = \frac{d}{dx}\left(\frac{d^i g(x)}{dx^i}\right) = \frac{d^{i+1} g(x)}{dx^{i+1}} = g_{i+1}$$

の規則があるので，高次導関数は，

$$y'' = (f_1 g_1)' = f_1' g_1 + f_1 g_1' = f_2 g_1 g_1 + f_1 g_2 = f_1 g_2 + f_2 g_1{}^2$$

$$y^{(3)} = (f_1 g_2 + f_2 g_1{}^2)' = f_1' g_2 + f_1 g_2' + f_2' g_1{}^2 + f_2(2g_1 g_1')$$
$$= f_2 g_1 g_2 + f_1 g_3 + f_3 g_1 g_1{}^2 + f_2(2g_1 g_2)$$
$$= f_1 g_3 + f_2(3g_2 g_1) + f_3 g_1{}^3$$

以下，同様に

$$y^{(4)} = f_1 g_4 + f_2(4g_3 g_1 + 3g_2{}^2) + f_3(6g_2 g_1{}^2) + f_4 g_1{}^4$$

$$y^{(5)} = f_1 g_5 + f_2(5g_4 g_1 + 10 g_3 g_2) + f_3(10 g_3 g_1{}^2 + 15 g_2{}^2 g_1) + f_4(10 g_2 g_1{}^3) + f_5 g_1{}^5$$

$$\vdots$$

と求められる．

一般的に，$y^{(n)}$ は，g_r $(r = 1, 2, \ldots, n)$ の多項式 $F_{n,r}(g)$ に f_r をかけて加えた多項式

$$y^{(n)} = \sum_{r=1}^{n} F_{n,r}(g_1, \ldots, g_n) f_r$$

すなわち，Bell の多項式で表される．

7 π

⊗ 解 説 ─────────────────────────────

$$\int_0^\infty \frac{1 - \cos 2x}{x^2}\,dx = \int_0^\infty \frac{2\sin^2 x}{x^2}\,dx$$

部分積分法を利用して，

第1章 ウォーミングアップレベル

$$\int_0^\infty \frac{2\sin^2 x}{x^2}\,dx = \int_0^\infty \frac{2}{x^2}\sin^2 x\,dx = \int_0^\infty \left(-\frac{2}{x}\right)' \sin^2 x\,dx$$
$$= \lim_{R\to\infty}\left[-\frac{2}{x}\sin^2 x\right]_{x=0}^{x=R} + 2\int_0^\infty \frac{\sin 2x}{x}\,dx$$

第1項は0になるので, 第2項のみ残る.
第2項は, $2x = t$ とおけば,

$$2\int_0^\infty \frac{\sin 2x}{x}\,dx = 2\int_0^\infty \frac{\sin t}{\frac{t}{2}}\frac{dt}{2} = 2\int_0^\infty \frac{\sin t}{t}\,dt = 2\times \frac{\pi}{2} = \pi$$

◆参 考

以下のように, 積分範囲が拡張された積分を広義積分という.

◎ $\displaystyle\lim_{b\to\infty}\int_a^b f(x)\,dx$ が存在（収束）すれば, $\displaystyle\lim_{b\to\infty}\int_a^b f(x)\,dx = \int_a^\infty f(x)\,dx$

◎ $\displaystyle\lim_{a\to-\infty}\int_a^b f(x)\,dx$ が存在（収束）すれば, $\displaystyle\lim_{a\to-\infty}\int_a^b f(x)\,dx = \int_{-\infty}^b f(x)\,dx$

◎ $\displaystyle\lim_{\substack{b\to\infty\\a\to-\infty}}\int_a^b f(x)\,dx$ が存在（収束）すれば, $\displaystyle\lim_{\substack{b\to\infty\\a\to-\infty}}\int_a^b f(x)\,dx = \int_{-\infty}^\infty f(x)\,dx$

また, $\displaystyle\lim_{\varepsilon\to+0}\int_{a+\varepsilon}^b f(x)\,dx,\ \lim_{\varepsilon\to+0}\int_a^{b-\varepsilon} f(x)\,dx,\ \lim_{\substack{\varepsilon\to+0\\\varepsilon'\to+0}}\int_{a+\varepsilon}^{b-\varepsilon'} f(x)\,dx$ が存在すれば, これらの値はいずれも $\displaystyle\int_a^b f(x)\,dx$ である.

8 $\dfrac{1}{2}$

◇解 説

以下のような変形が思いついたら, 一気に解決する.

$$\sum_{k=1}^\infty \frac{k}{1+k^2+k^4} = \sum_{k=1}^\infty \frac{k}{(k^2+1)^2 - k^2} = \sum_{k=1}^\infty \frac{k}{(k^2+k+1)(k^2-k+1)}$$
$$= \frac{1}{2}\sum_{k=1}^\infty \left(\frac{1}{k^2-k+1} - \frac{1}{k^2+k+1}\right)$$

これより, 初項から第 n 項までの部分和は,

$$\frac{1}{2}\sum_{k=1}^n \left(\frac{1}{k^2-k+1} - \frac{1}{k^2+k+1}\right)$$
$$= \frac{1}{2}\left(1 - \frac{1}{3} + \frac{1}{3} - \frac{1}{7} + \frac{1}{7} - \frac{1}{13} + \cdots + \frac{1}{n^2-n+1} - \frac{1}{n^2+n+1}\right)$$

練習問題解答・解説

$$= \frac{1}{2}\left(1 - \frac{1}{n^2+n+1}\right) \qquad \cdots(1)$$

$n \to \infty$ で, $\dfrac{1}{2}\left(1 - \dfrac{1}{n^2+n+1}\right) \to \dfrac{1}{2}$

◇ **参 考**

式 (1) を異なるアプローチから求めてみる.

$$f(k) = \frac{1}{k^2-k+1} = \frac{1}{(k-1)k+1}, \quad f(k+1) = \frac{1}{k^2+k+1} = \frac{1}{k(k+1)+1}$$

とおけば,

$$\frac{1}{2}\sum_{k=1}^{n}\left(\frac{1}{k^2-k+1} - \frac{1}{k^2+k+1}\right) = \frac{1}{2}\sum_{k=1}^{n}\{f(k) - f(k+1)\}$$

$$= \frac{1}{2}\{f(1) - f(2) + f(2) - f(3) + \cdots + f(n) - f(n+1)\}$$

$$= \frac{1}{2}\{f(1) - f(n+1)\} = \frac{1}{2}\left(1 - \frac{1}{n^2+n+1}\right)$$

9 $\dfrac{3}{4}$

◈ **解 説**

以下のように 3 重積分を行うことで，確率が得られることに気づくかどうかがポイントである．積分領域は $0 \leqq y \leqq 1$, $0 \leqq z \leqq 1$, $yz \leqq x \leqq 1$ の範囲となるので,

$$\int_0^1\int_0^1\int_{yz}^1 dx\,dy\,dz = \int_0^1\int_0^1 (1-yz)\,dy\,dz = \int_0^1 \left[y - \frac{zy^2}{2}\right]_{y=0}^{y=1} dz = \int_0^1\left(1-\frac{z}{2}\right)dz = \frac{3}{4}$$

10 $\sin 2(x+y) - 2(x-y) = C$ （C は任意定数）

◈ **解 説**

$\dfrac{dy}{dx} = \tan^2(x+y)$ で，$z = x+y$ とおく．$y = z-x$ なので,

$$\frac{d(z-x)}{dx} = \tan^2 z, \quad \frac{dz}{dx} - 1 = \tan^2 z \quad \text{すなわち} \quad \frac{dz}{dx} = 1 + \tan^2 z = \frac{1}{\cos^2 z}$$

変数分離形となるので,

$$\int \cos^2 z\,dz = \int dx$$

$$\int \frac{1+\cos 2z}{2}\,dz = x + C_1 \quad （C_1 は任意定数）$$

第1章 ウォーミングアップレベル

$$\frac{1}{2}\left(z + \frac{\sin 2z}{2}\right) = x + C_1, \quad x + y + \frac{\sin 2(x+y)}{2} = 2x + 2C_1$$

これを整理し，$4C_1 = C$ として，

$$\sin 2(x+y) - 2(x-y) = C \quad (C \text{は任意定数})$$

◇参 考

本問の $y' = \tan^2(x+y)$ のように，$y' = f(ax+by+c)$ (a, b, c は定数) では，$z = ax+by+c$ とおいて，

$$z' = a + by' = a + bf(z)$$

すなわち，変数分離形

$$\int \frac{dz}{a+bf(z)} = \int dx = x + C \quad (C \text{は任意定数})$$

になって，解が求められる．

11 $\dfrac{2}{x^2+y^2+z^2}$

◈解 説

偏微分の基本的な計算問題である．
$\dfrac{\partial w}{\partial x} = \dfrac{2x}{x^2+y^2+z^2}$ から，

$$\frac{\partial^2 w}{\partial x^2} = \frac{2(x^2+y^2+z^2) - 2x \cdot 2x}{(x^2+y^2+z^2)^2} = \frac{2(y^2+z^2-x^2)}{(x^2+y^2+z^2)^2}$$

同様に，$\dfrac{\partial^2 w}{\partial y^2} = \dfrac{2(x^2+z^2-y^2)}{(x^2+y^2+z^2)^2}$, $\dfrac{\partial^2 w}{\partial z^2} = \dfrac{2(x^2+y^2-z^2)}{(x^2+y^2+z^2)^2}$ となるから，

$$\frac{\partial^2 w}{\partial x^2} + \frac{\partial^2 w}{\partial y^2} + \frac{\partial^2 w}{\partial z^2} = \frac{2(2x^2+2y^2+2z^2-x^2-y^2-z^2)}{(x^2+y^2+z^2)^2} = \frac{2}{x^2+y^2+z^2}$$

◇参 考

$\dfrac{\partial^2 w}{\partial x^2} + \dfrac{\partial^2 w}{\partial y^2} + \dfrac{\partial^2 w}{\partial z^2} = \Delta w$ について，$\Delta = \dfrac{\partial^2}{\partial x^2} + \dfrac{\partial^2}{\partial y^2} + \dfrac{\partial^2}{\partial z^2}$ をラプラス演算子（ラプラシアン；Laplacian）とよぶ．

12 π

練習問題解答・解説

◆ 解 説

逆正接関数 $y = \tan^{-1} x$ は，図 k.1 のようなグラフになる．主値は，$-\dfrac{\pi}{2} < y < \dfrac{\pi}{2}$ であるから，まず，$\tan^{-1} 1 = \dfrac{\pi}{4}$ である．

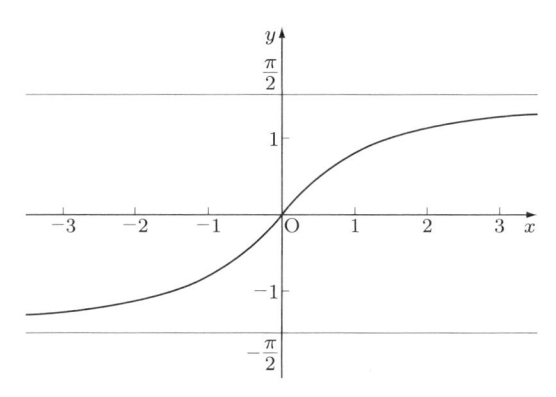

図 k.1　$y = \tan^{-1} x$ のグラフ

また，$-\dfrac{\pi}{2} < \tan^{-1} x < \dfrac{\pi}{2}$ なので，$0 < \tan^{-1} 2 < \dfrac{\pi}{2}$, $0 < \tan^{-1} 3 < \dfrac{\pi}{2}$ から，

$$0 < \tan^{-1} 2 + \tan^{-1} 3 < \pi \qquad \cdots(1)$$

$\tan^{-1} 2 = X$, $\tan^{-1} 3 = Y$ とおけば，$\tan X = 2$, $\tan Y = 3$ であり，

$$\tan^{-1} 1 + \tan^{-1} 2 + \tan^{-1} 3 = \dfrac{\pi}{4} + X + Y$$

$X + Y$ の値を求めるには，$\tan(X + Y)$ を考えればよい．

$$\tan(X + Y) = \dfrac{\tan X + \tan Y}{1 - \tan X \tan Y} = \dfrac{2 + 3}{1 - 2 \times 3} = -1 \qquad \cdots(2)$$

式 (1) から $0 < X + Y < \pi$ であるから，式 (2) から $X + Y (= \tan^{-1} 2 + \tan^{-1} 3) = \dfrac{3}{4}\pi$. したがって，

$$\tan^{-1} 1 + \tan^{-1} 2 + \tan^{-1} 3 = \dfrac{\pi}{4} + \dfrac{3}{4}\pi = \pi$$

が得られる．

第 2 章　実践力養成レベル

1 $\dfrac{127}{163}$

第2章　実践力養成レベル

❖解　説

ここで利用するユークリッドの互除法は，2つの整数の最大公約数を見つける方法である．まず，12877を10033で割って，商と余りを求めていく．

$$12877 \div 10033 \quad \cdots \quad 商1, 余り \quad 2844$$
$$10033 \div 2844 \quad \cdots \quad 商3, 余り \quad 1501$$
$$2844 \div 1501 \quad \cdots \quad 商1, 余り \quad 1343$$
$$1501 \div 1343 \quad \cdots \quad 商1, 余り \quad 158$$
$$1343 \div 158 \quad \cdots \quad 商8, 余り \quad 79$$
$$158 \div 79 \quad \cdots \quad 商2, 余り \quad 0$$

余りが0となった時点で，割る数79が最大公約数となる．すなわち，

$$10033 \div 79 = 127$$
$$12877 \div 79 = 163$$

となって，$\dfrac{127}{163}$ が得られる．

◇参　考

ユークリッドの互除法とは，2つの整数の最大公約数を求める手法である．2つの整数を a と b とし，a を b で割った余りを r_1 とすると，たとえば，次のようになる．

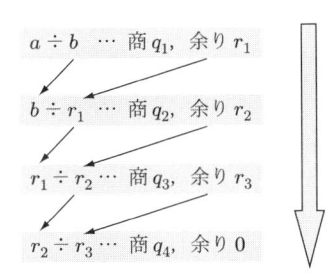

$$a \div b \quad \cdots \quad 商 q_1, 余り r_1$$
$$b \div r_1 \quad \cdots \quad 商 q_2, 余り r_2$$
$$r_1 \div r_2 \quad \cdots \quad 商 q_3, 余り r_3$$
$$r_2 \div r_3 \quad \cdots \quad 商 q_4, 余り 0$$

余りが0になった時点で，割る数 r_3 が最大公約数となる．

一方，最小公倍数は，

$$(最小公倍数) \times (最大公約数) = a \times b$$

の関係より，$(最小公倍数) \times r_3 = a \times b$ であるから，

$$最小公倍数 = \frac{a \times b}{r_3}$$

で求められる．

本問では，最小公倍数 $= \dfrac{10033 \times 12877}{79} = 1635379$ となる．

練習問題解答・解説

2 $(-x+y+z)(x-y+z)(x+y-z)$

◇ 解 説

展開整理とあるので，展開後に x の降べきの順に整理してみる．

$$\begin{aligned}
\text{与式} &= -(x+y+z)(x^2+y^2+z^2-2xy-2yz-2zx)-8xyz \\
&= -(x+y+z)\{(x^2+y^2+z^2-xy-yz-zx)-(xy+yz+zx)\}-8xyz \\
&= -(x+y+z)(x^2+y^2+z^2-xy-yz-zx)+(x+y+z)(xy+yz+zx)-8xyz \\
&= -x^3-y^3-z^3+3xyz+x^2y+xy^2+y^2z+yz^2+z^2x+zx^2+3xyz-8xyz \\
&= -x^3-y^3-z^3+x^2y+xy^2+y^2z+yz^2+z^2x+zx^2-2xyz \\
&= -x^3+(y+z)x^2+(y^2+z^2-2yz)x-y^3-z^3+yz(y+z) \\
&= -\{x^3-(y+z)x^2-(y-z)^2x+(y+z)(y-z)^2\} \qquad \cdots(1)
\end{aligned}$$

式 (1) を $f(x)$ とおけば，ウォーミングアップレベル**演習 1** の解説から，$f(x)$ の因数 $x-\alpha$ の α として，$y+z$，$y-z$ が候補として考えられる．実際に，$f(y-z)=0$ となることがわかり，この結果，因数定理から，$f(x)$ は因数 $x-y+z$ をもつことがわかる．

$$\begin{aligned}
\text{与式} &= -(x-y+z)\{x^2-2zx-(y-z)(y+z)\} \\
&= -(x-y+z)\{x+(y-z)\}\{x-(y+z)\} \\
&= -(x-y+z)(x+y-z)(x-y-z) \\
&= (-x+y+z)(x-y+z)(x+y-z)
\end{aligned}$$

3 $9(\sqrt[3]{2}-1)$

◇ 解 説

$x = 2^{\frac{1}{3}} = \sqrt[3]{2}$ とおけば，$x^2 = 2^{\frac{2}{3}} = \sqrt[3]{4}$

$$\begin{aligned}
(1-\sqrt[3]{2}+\sqrt[3]{4})^3 &= (1-x+x^2)^3 \\
&= (1-x)^3+3(1-x)^2x^2+3(1-x)x^4+x^6 \\
&= x^6-3x^5+6x^4-7x^3+6x^2-3x+1 \qquad \cdots(1)
\end{aligned}$$

ここで，式 (1) を次のように A，B に分ける．

$$A = x^6-7x^3+1 = (x^3)^2-7x^3+1 = 4-7\times 2+1 = -9 \quad (\because x^3=2)$$

$$\begin{aligned}
B &= -3x^5+6x^4+6x^2-3x = -3x^3x^2+6x^3x+6x^2-3x \\
&= -3\cdot 2x^2+6\cdot 2x+6x^2-3x \\
&= 9x = 9\sqrt[3]{2}
\end{aligned}$$

よって，

$$(1-\sqrt[3]{2}+\sqrt[3]{4})^3 = A+B = 9\sqrt[3]{2}-9 = 9(\sqrt[3]{2}-1)$$

第2章　実践力養成レベル

4 ① $\dfrac{3}{4}\cos x + \dfrac{1}{4}\left(-\dfrac{1}{3}\right)^n \cos(3^{n+1}x)$　② $\dfrac{3}{4}\cos x$

◈解　説

① 3倍角の公式 $\cos^3 x = \dfrac{1}{4}(3\cos x + \cos 3x)$ に気づくかどうかがポイントである.

第 n 項までの部分和 S_n は,

$$\begin{aligned}
S_n &= \sum_{k=0}^{n}(-1)^k \dfrac{1}{3^k}\cos^3 3^k x \\
&= \sum_{k=0}^{n}(-1)^k \dfrac{1}{3^k} \cdot \dfrac{1}{4}\{3\cos(3^k x) + \cos(3^{k+1}x)\} \\
&= \dfrac{1}{4}\sum_{k=0}^{n}\left(-\dfrac{1}{3}\right)^k\{3\cos(3^k x) + \cos(3^{k+1}x)\} \\
&= \dfrac{1}{4}\sum_{k=0}^{n}\left\{3\left(-\dfrac{1}{3}\right)^k\cos(3^k x) + \left(-\dfrac{1}{3}\right)^k\cos(3^{k+1}x)\right\} \\
&= \dfrac{1}{4}\sum_{k=0}^{n}\left\{-\left(-\dfrac{1}{3}\right)^{k-1}\cos(3^k x) + \left(-\dfrac{1}{3}\right)^k\cos(3^{k+1}x)\right\}
\end{aligned}$$

ここで, $X_{k+1} = \left(-\dfrac{1}{3}\right)^k \cos(3^{k+1}x)$, $X_k = \left(-\dfrac{1}{3}\right)^{k-1}\cos(3^k x)$ とおけば, $S_n = \dfrac{1}{4}\sum_{k=0}^{n}(X_{k+1} - X_k)$ と表される. すなわち,

$$\begin{aligned}
S_n &= \dfrac{1}{4}\sum_{k=0}^{n}(X_{k+1} - X_k) = \dfrac{1}{4}(X_1 - X_0 + X_2 - X_1 + X_3 - X_2 + \cdots + X_{n+1} - X_n) \\
&= \dfrac{1}{4}(-X_0 + X_{n+1})
\end{aligned}$$

$X_0 = -3\cos x$, $X_{n+1} = \left(-\dfrac{1}{3}\right)^n \cos(3^{n+1}x)$ から,

$$S_n = \dfrac{1}{4}(-X_0 + X_{n+1}) = \dfrac{3}{4}\cos x + \dfrac{1}{4}\left(-\dfrac{1}{3}\right)^n \cos(3^{n+1}x)$$

② $S_n = \dfrac{3}{4}\cos x + \dfrac{1}{4}\left(-\dfrac{1}{3}\right)^n \cos(3^{n+1}x)$

$n \to \infty$ では, S_n の第2項は0になるので $\left(\because \displaystyle\lim_{n \to \infty}\left(-\dfrac{1}{3}\right)^n = 0\right)$.

$$\lim_{n \to \infty} S_n = \dfrac{3}{4}\cos x$$

5　① $x^3 + 2x - 12 = 0$　② 2

練習問題解答・解説

◆解 説

① $x = \sqrt[3]{6+\sqrt{\dfrac{980}{27}}} + \sqrt[3]{6-\sqrt{\dfrac{980}{27}}}$ が3次方程式の解なので,x^3 を求めてみる.

$x = A+B$,$A = \sqrt[3]{6+\sqrt{\dfrac{980}{27}}}$,$B = \sqrt[3]{6-\sqrt{\dfrac{980}{27}}}$ として,

$$x^3 = A^3 + B^3 + 3AB(A+B) = A^3 + B^3 + 3ABx$$

$$= 6 + \sqrt{\dfrac{980}{27}} + 6 - \sqrt{\dfrac{980}{27}} + 3 \times \sqrt[3]{\left(6+\sqrt{\dfrac{980}{27}}\right)\left(6-\sqrt{\dfrac{980}{27}}\right)}\, x$$

$$= 12 + 3\sqrt[3]{36 - \dfrac{980}{27}}\, x = 12 + 3\sqrt[3]{\dfrac{972-980}{27}}\, x$$

$$= 12 + 3\sqrt[3]{-\dfrac{8}{27}}\, x = 12 + 3\sqrt[3]{\left(-\dfrac{2}{3}\right)^3}\, x$$

$$= 12 - 2x$$

すなわち,3次方程式 $x^3 + 2x - 12 = 0$ が得られる.

② $x^3 + 2x - 12 = 0$ を解く.

$(x-2)(x^2+2x+6) = 0$ と因数分解ができて,$x = 2,\ -1 \pm \sqrt{5}i$ が得られる.

$\sqrt[3]{6+\sqrt{\dfrac{980}{27}}} + \sqrt[3]{6-\sqrt{\dfrac{980}{27}}}$ は,2 か $-1 \pm \sqrt{5}i$ である.

$\sqrt[3]{6+\sqrt{\dfrac{980}{27}}} + \sqrt[3]{6-\sqrt{\dfrac{980}{27}}}$ の2つの項 $\sqrt[3]{6+\sqrt{\dfrac{980}{27}}}$,$\sqrt[3]{6-\sqrt{\dfrac{980}{27}}}$ を詳細に調べてみる.まず,$\sqrt[3]{6+\sqrt{\dfrac{980}{27}}}$ を調べる.

$\sqrt[3]{6+\sqrt{\dfrac{980}{27}}} = \sqrt[3]{6+\dfrac{14}{3}\sqrt{\dfrac{5}{3}}}$ より

$$\sqrt[3]{6+\dfrac{14}{3}\sqrt{\dfrac{5}{3}}} = a + b\sqrt{\dfrac{5}{3}} \qquad \cdots (1)$$

とおいて,式 (1) の両辺を3乗して,a,b(有理数)を求めてみる.

$$6 + \dfrac{14}{3}\sqrt{\dfrac{5}{3}} = a^3 + 5ab^2 + \left(3a^2b + \dfrac{5}{3}b^3\right)\sqrt{\dfrac{5}{3}}$$

$$6 = a^3 + 5ab^2,\quad \dfrac{14}{3} = 3a^2b + \dfrac{5}{3}b^3$$

これら2つの関係式から,$a = b = 1$ が得られる. $\cdots$(※)

第2章 実践力養成レベル

すなわち，
$$\sqrt[3]{6+\sqrt{\frac{980}{27}}} = 1+\sqrt{\frac{5}{3}}$$

同様に，
$$\sqrt[3]{6-\sqrt{\frac{980}{27}}} = 1-\sqrt{\frac{5}{3}}$$

が得られる．したがって，
$$\sqrt[3]{6+\sqrt{\frac{980}{27}}} + \sqrt[3]{6-\sqrt{\frac{980}{27}}} = 1+\sqrt{\frac{5}{3}}+1-\sqrt{\frac{5}{3}} = 2$$

◇ 参 考 1 (※)

(※) の求め方を補足する．

$$6 = a^3 + 5ab^2 \qquad \cdots(2)$$

$$\frac{14}{3} = 3a^2b + \frac{5}{3}b^3 \text{ から } 14 = 9a^2b + 5b^3 \qquad \cdots(3)$$

式 (2), (3) の左辺, 右辺どうしを割って ($\because a \neq 0, b \neq 0$),

$$\frac{a^3+5ab^2}{9a^2b+5b^3} = \frac{6}{14} = \frac{3}{7} \qquad \cdots(4)$$

式 (4) の左辺の分子, 分母を a^3 で割ると,

$$\frac{1+5\left(\frac{b}{a}\right)^2}{9\left(\frac{b}{a}\right)+5\left(\frac{b}{a}\right)^3} = \frac{3}{7} \qquad \cdots(5)$$

$\frac{b}{a} = X$ $(a \neq 0)$ とおくと，式 (5) は $\frac{1+5X^2}{9X+5X^3} = \frac{3}{7}$ となる．式を変形すると，

$$15X^3 - 35X^2 + 27X - 7 = 0$$

$$(X-1)(15X^2 - 20X + 7) = 0$$

$15X^2 - 20X + 7 = 15\left(X-\frac{2}{3}\right)^2 + \frac{1}{3} \neq 0$ なので, $X=1$, すなわち $a=b$ で, 式 (2) に代入して $a=b=1$.

◇ 参 考 2

3 次方程式 $x^3 + ax + b = 0$ の解 x_1, x_2, x_3 は, カルダーノの公式を使って次のように求められる．

練習問題解答・解説

$$x_1 = \sqrt[3]{-\frac{b}{2} + \sqrt{\left(\frac{b}{2}\right)^2 + \left(\frac{a}{3}\right)^3}} + \sqrt[3]{-\frac{b}{2} - \sqrt{\left(\frac{b}{2}\right)^2 + \left(\frac{a}{3}\right)^3}}$$

1の3乗根を与える虚根の1つ $\omega \left(= \dfrac{-1+\sqrt{3}\,i}{2}\right)$ を使って,

$$x_2 = \sqrt[3]{-\frac{b}{2} + \sqrt{\left(\frac{b}{2}\right)^2 + \left(\frac{a}{3}\right)^3}}\,\omega + \sqrt[3]{-\frac{b}{2} - \sqrt{\left(\frac{b}{2}\right)^2 + \left(\frac{a}{3}\right)^3}}\,\omega^2$$

$$x_3 = \sqrt[3]{-\frac{b}{2} + \sqrt{\left(\frac{b}{2}\right)^2 + \left(\frac{a}{3}\right)^3}}\,\omega^2 + \sqrt[3]{-\frac{b}{2} - \sqrt{\left(\frac{b}{2}\right)^2 + \left(\frac{a}{3}\right)^3}}\,\omega$$

本問での $x^3 + 2x - 12 = 0$ では,$a = 2$,$b = -12$ なので,カルダーノの公式から実際に x_1 を求めると,

$$x_1 = \sqrt[3]{-\frac{(-12)}{2} + \sqrt{36 + \left(\frac{2}{3}\right)^3}} + \sqrt[3]{-\frac{(-12)}{2} - \sqrt{36 + \left(\frac{2}{3}\right)^3}}$$

$$= \sqrt[3]{6 + \sqrt{\frac{980}{27}}} + \sqrt[3]{6 - \sqrt{\frac{980}{27}}}$$

となる.

6 ① $\tan^{-1}(n+1) - \dfrac{\pi}{4}$　　② $\dfrac{\pi}{4}$

◇ **解 説**

① $\tan^{-1} \dfrac{A - B}{1 + AB} = \tan^{-1} A - \tan^{-1} B$ を利用する.　　…(※)

$$S_n = \sum_{k=1}^{n} \tan^{-1} \frac{1}{k^2 + k + 1} = \sum_{k=1}^{n} \tan^{-1} \frac{(k+1) - k}{1 + k(k+1)} = \sum_{k=1}^{n} \{\tan^{-1}(k+1) - \tan^{-1} k\}$$

$$= \tan^{-1} 2 - \tan^{-1} 1 + \tan^{-1} 3 - \tan^{-1} 2 + \tan^{-1} 4 - \tan^{-1} 3 + \cdots$$

$$\cdots + \tan^{-1}(n+1) - \tan^{-1} n$$

$$= \tan^{-1}(n+1) - \tan^{-1} 1 = \tan^{-1}(n+1) - \frac{\pi}{4} \quad \left(\because \tan^{-1} 1 = \frac{\pi}{4}\right)$$

② $n \to \infty$ で,$\tan^{-1}(n+1) \to \dfrac{\pi}{2}$ なので,

$$\lim_{n \to \infty} S_n = \frac{\pi}{2} - \frac{\pi}{4} = \frac{\pi}{4}$$

◇ **参 考**(※)

$$\tan^{-1} \frac{A - B}{1 + AB} = \tan^{-1} A - \tan^{-1} B \quad \cdots(1)$$

第2章　実践力養成レベル

が成り立つことを確認する．

$$\tan\left(\tan^{-1}\frac{A-B}{1+AB}\right) = \frac{A-B}{1+AB}$$

$$\tan(\tan^{-1}A - \tan^{-1}B) = \frac{\tan(\tan^{-1}A) - \tan(\tan^{-1}B)}{1 + \tan(\tan^{-1}A)\tan(\tan^{-1}B)} = \frac{A-B}{1+AB}$$

よって，式 (1) が成り立つ．

7 $\dfrac{1}{16}(\pi - 2)$

◈解　説

2変数 x, y で積分するのではなく，$X = x - y$, $Y = x + y$ と変数変換した2変数 X, Y で積分を行うことがポイントである．

xy 平面上の積分領域 D を XY 平面上に変換した積分領域を A とする．一般に，$x = x(X,Y)$, $y = y(X,Y)$ で，この変換が1対1対応であり，$\dfrac{\partial(x,y)}{\partial(X,Y)} \neq 0$ ならば，

$$\iint_D f(x,y)\,dx\,dy = \iint_A f(x(X,Y), y(X,Y))\,\frac{\partial(x,y)}{\partial(X,Y)}\,dX\,dY$$

が成り立つ．ここで，$\dfrac{\partial(x,y)}{\partial(X,Y)} = \begin{vmatrix} \dfrac{\partial x}{\partial X} & \dfrac{\partial x}{\partial Y} \\ \dfrac{\partial y}{\partial X} & \dfrac{\partial y}{\partial Y} \end{vmatrix}$ はヤコビアン（Jacobian）である．

本問では，$X = x - y$, $Y = x + y$ から，$x = \dfrac{X+Y}{2}$, $y = \dfrac{-X+Y}{2}$ であり，ヤコビアン $\dfrac{\partial(x,y)}{\partial(X,Y)} = \begin{vmatrix} \dfrac{1}{2} & \dfrac{1}{2} \\ -\dfrac{1}{2} & \dfrac{1}{2} \end{vmatrix} = \dfrac{1}{2}$ なので，

$$\iint_D (x^2 - y^2)\tan^{-1}(x+y)\,dx\,dy$$
$$= \frac{1}{2}\int_0^1 Y\tan^{-1}Y \int_0^1 X\,dX\,dY$$
$$= \frac{1}{4}\int_0^1 Y\tan^{-1}Y\,dY = \frac{1}{4}\left\{\left[\frac{Y^2}{2}\tan^{-1}Y\right]_{Y=0}^{Y=1} - \frac{1}{2}\int_0^1 \frac{Y^2}{1+Y^2}\,dY\right\}$$

ここで，

$$\int_0^1 \frac{Y^2}{1+Y^2}\,dY = \int_0^1\left(1 - \frac{1}{1+Y^2}\right)dY = \left[Y - \tan^{-1}Y\right]_{Y=0}^{Y=1} = 1 - \frac{\pi}{4}$$

となり，

練習問題解答・解説

$$\iint_D (x^2 - y^2) \tan^{-1}(x+y)\, dx\, dy = \frac{1}{4}\left\{\frac{1}{2}\cdot\frac{\pi}{4} - \frac{1}{2}\left(1 - \frac{\pi}{4}\right)\right\} = \frac{1}{16}(\pi - 2)$$

◇ 参 考

ヤコビアンは一般的に，n 個の n 変数の関数 $y_i(x_1, x_2, \ldots, x_n)$，$i = 1, 2, \ldots, n$ について，

$$\frac{\partial(y_1, y_2, \ldots, y_n)}{\partial(x_1, x_2, \ldots, x_n)} = \begin{vmatrix} \dfrac{\partial y_1}{\partial x_1} & \dfrac{\partial y_1}{\partial x_2} & \cdots & \dfrac{\partial y_1}{\partial x_n} \\ \dfrac{\partial y_2}{\partial x_1} & \dfrac{\partial y_2}{\partial x_2} & \cdots & \dfrac{\partial y_2}{\partial x_n} \\ \vdots & & \ddots & \vdots \\ \dfrac{\partial y_n}{\partial x_1} & \dfrac{\partial y_n}{\partial x_2} & \cdots & \dfrac{\partial y_n}{\partial x_n} \end{vmatrix}$$

と表される．以下の公式はしっかり理解しておくこと．

◎ 2 次元極座標

$x = r\cos\theta$, $y = r\sin\theta$ で，$\dfrac{\partial(x,y)}{\partial(r,\theta)} = \begin{vmatrix} \cos\theta & -r\sin\theta \\ \sin\theta & r\cos\theta \end{vmatrix} = r$ なので，

$$\iint_D f(x,y)\,dx\,dy = \iint_A f(r\cos\theta, r\sin\theta)\,r\,dr\,d\theta$$

◎ 3 次元極座標

$x = r\sin\theta\cos\varphi$, $y = r\sin\theta\sin\varphi$, $z = r\cos\theta$ で，$\dfrac{\partial(x,y,z)}{\partial(r,\theta,\varphi)} = r^2\sin\theta$ なので，

$$\iiint_D f(x,y,z)\,dx\,dy\,dz = \iiint_A f(r\sin\theta\cos\varphi, r\sin\theta\sin\varphi, r\cos\theta)\,r^2\sin\theta\,dr\,d\theta\,d\varphi$$

8 ① $a = 4$, $b = 5$ ② $\begin{bmatrix} 1041 & 1042 & 1042 \\ 1042 & 1041 & 1042 \\ 1042 & 1042 & 1041 \end{bmatrix}$

※ 解 説

問題の流れに沿って計算を進めれば，困難なく解けるだろう．

① $A^2 = \begin{bmatrix} 9 & 8 & 8 \\ 8 & 9 & 8 \\ 8 & 8 & 9 \end{bmatrix}$, $aA + bE = \begin{bmatrix} a+b & 2a & 2a \\ 2a & a+b & 2a \\ 2a & 2a & a+b \end{bmatrix}$

$A^2 = aA + bE$ から $a + b = 9$, $2a = 8$

すなわち，$a = 4$, $b = 5$

② $A^2 = 4A + 5E$ を用いて，

$$A^5 = A^2 A^2 A = (4A + 5E)(4A + 5E)A = (16A^2 + 40A + 25E)A$$
$$= \{16(4A + 5E) + 40A + 25E\}A = (104A + 105E)A$$
$$= 104A^2 + 105A = 104(4A + 5E) + 105A$$

第2章　実践力養成レベル

$$= 521A + 520E$$

すなわち，$A^5 = \begin{bmatrix} 521 & 1042 & 1042 \\ 1042 & 521 & 1042 \\ 1042 & 1042 & 521 \end{bmatrix} + \begin{bmatrix} 520 & 0 & 0 \\ 0 & 520 & 0 \\ 0 & 0 & 520 \end{bmatrix} = \begin{bmatrix} 1041 & 1042 & 1042 \\ 1042 & 1041 & 1042 \\ 1042 & 1042 & 1041 \end{bmatrix}$

◇参　考

　固有方程式からケーリー・ハミルトンの定理を使う方法で②を計算してみるとどうなるだろうか．
　$A = \begin{bmatrix} 1 & 2 & 2 \\ 2 & 1 & 2 \\ 2 & 2 & 1 \end{bmatrix}$ の固有方程式は，

$$\begin{vmatrix} 1-\lambda & 2 & 2 \\ 2 & 1-\lambda & 2 \\ 2 & 2 & 1-\lambda \end{vmatrix} = -\lambda^3 + 3\lambda^2 + 9\lambda + 5 = -(\lambda-5)(\lambda+1)^2 = 0$$

すなわち，$\lambda^3 - 3\lambda^2 - 9\lambda - 5 = (\lambda-5)(\lambda+1)^2 = 0$
　ケーリー・ハミルトンの定理から，$A^3 - 3A^2 - 9A - 5E = 0$，すなわち，$A^3 = 3A^2 + 9A + 5E$ が得られる．やや煩雑になるが，$A^3 = 3A^2 + 9A + 5E$ を使って A^5 を計算する．

$$A^5 = A^3 A^2 = (3A^2 + 9A + 5E)A^2 = 3A^4 + 9A^3 + 5A^2 = 3AA^3 + 9A^3 + 5A^2$$
$$= 3A(3A^2 + 9A + 5E) + 9(3A^2 + 9A + 5E) + 5A^2$$
$$= 9A^3 + 59A^2 + 96A + 45E$$
$$= 9(3A^2 + 9A + 5E) + 59A^2 + 96A + 45E$$
$$= 86A^2 + 177A + 90E$$

$A^2 = \begin{bmatrix} 9 & 8 & 8 \\ 8 & 9 & 8 \\ 8 & 8 & 9 \end{bmatrix}$ から，

$$A^5 = 86\begin{bmatrix} 9 & 8 & 8 \\ 8 & 9 & 8 \\ 8 & 8 & 9 \end{bmatrix} + 177\begin{bmatrix} 1 & 2 & 2 \\ 2 & 1 & 2 \\ 2 & 2 & 1 \end{bmatrix} + 90\begin{bmatrix} 1 & 0 & 0 \\ 0 & 1 & 0 \\ 0 & 0 & 1 \end{bmatrix} = \begin{bmatrix} 1041 & 1042 & 1042 \\ 1042 & 1041 & 1042 \\ 1042 & 1042 & 1041 \end{bmatrix}$$

計算は大変だが，結果は一致することが確認できる．

　本問では，ケーリー・ハミルトンの定理による $A^3 = 3A^2 + 9A + 5E$ ではなく，$A^2 = 4A + 5E$ から A^5 を計算させているが，$A^3 = 3A^2 + 9A + 5E$ と $A^2 = 4A + 5E$ の2つの関係式が出てきた．これらはどんな関係にあるのだろうか．
　$A^2 = 4A + 5E$ に対応する固有方程式は，

$$(\lambda - 5)(\lambda + 1) = 0 \quad \cdots(1)$$

一方，$A^3 = 3A^2 + 9A + 5E$ に対応する固有方程式は，

$$(\lambda - 5)(\lambda + 1)^2 = 0 \quad \cdots(2)$$

式(1)と式(2)は同じ固有値 $\lambda = -1, 5$ をもち，式(1)は最高次の係数が1で最小次数となる最小多項式である．

練習問題解答・解説

そのため，$A^3 = 3A^2 + 9A + 5E$ でなく，本問から得られた $A^2 = 4A + 5E$ を用いても，A^5 の計算結果は同じになる．もちろん後者のほうが計算は楽である．

9 $y = \dfrac{1}{4}\sin x + \dfrac{1}{16\sin^3 x}$

◎ 解 説

$\dfrac{1}{\cos x}\dfrac{dy}{dx} + \dfrac{3}{\sin x}y = 1$ をみて，1 階線形微分方程式とすぐわかるだろう．

以下の公式を覚えておいたほうが速く解ける．

$$\frac{dy}{dx} + P(x)y = Q(x)$$

$$y = e^{-\int P(x)\,dx}\left\{\int Q(x)e^{\int P(x)\,dx}\,dx + C\right\} \quad (C \text{ は任意定数})$$

$\dfrac{1}{\cos x}\dfrac{dy}{dx} + \dfrac{3}{\sin x}y = 1$ を変形して，

$$\frac{dy}{dx} + \frac{3\cos x}{\sin x}y = \cos x$$

上記の公式を適用し，$P(x) = \dfrac{3\cos x}{\sin x}$，$Q(x) = \cos x$ から，

$$y = e^{-3\int \frac{\cos x}{\sin x}\,dx}\left\{\int \cos x\, e^{\int 3\frac{\cos x}{\sin x}\,dx}\,dx + C\right\}$$

$$\int \frac{\cos x}{\sin x}\,dx = \log_e|\sin x| = \log_e(\sin x) \quad \left(\because\ 0 < x < \frac{\pi}{2}\right)$$

$$e^{-3\int \frac{\cos x}{\sin x}\,dx} = e^{-3\log_e(\sin x)} = \frac{1}{\sin^3 x}$$

が得られるから，

$$y = \frac{1}{\sin^3 x}\left(\int \sin^3 x \cos x\,dx + C\right)$$

$$= \frac{1}{\sin^3 x}\left(\frac{\sin^4 x}{4} + C\right) = \frac{\sin x}{4} + \frac{C}{\sin^3 x} \qquad \cdots (1)$$

$x = \dfrac{\pi}{6}$ のとき $y = \dfrac{5}{8}$ なので，式 (1) に代入して，$\dfrac{5}{8} = \dfrac{1}{8} + 8C$

すなわち，$C = \dfrac{1}{16}$ を式 (1) に代入して，

$$y = \frac{1}{4}\sin x + \frac{1}{16\sin^3 x}$$

が解となる．

第3章 総仕上げレベル

10 0.7221

◇解 説

確率変数 X が平均 30, 分散 100 ($= 10^2$) の正規分布に従うとき, $Z = \dfrac{X - 30}{10}$ で与えられる確率変数 Z は, 平均 0, 分散 1 の標準正規分布となる (図 k.2).

$23 \leqq X \leqq 48$ とは, $\dfrac{23 - 30}{10} \leqq Z \leqq \dfrac{48 - 30}{10}$ すなわち, $-0.7 \leqq Z \leqq 1.8$ なので, 表 k.1 (正規分布表) を読み取って,

$$P(0 \leqq Z \leqq 0.7) + P(0 \leqq Z \leqq 1.8) = 0.2580 + 0.4641 = 0.7221$$

表 k.1 正規分布表

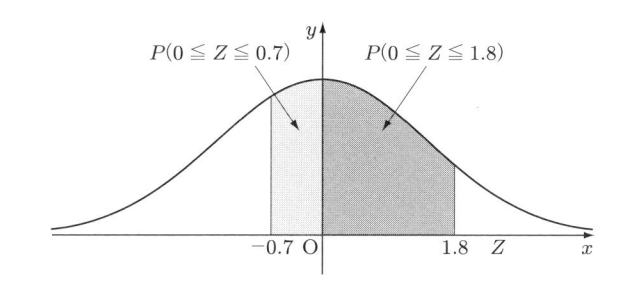

α	0.1	0.2	0.3	0.4	0.5	0.6	0.7	0.8	0.9	1.0
$P(0 \leqq Z \leqq \alpha)$	0.0398	0.0793	0.1179	0.1554	0.1915	0.2257	0.2580	0.2881	0.3159	0.3413
α	1.1	1.2	1.3	1.4	1.5	1.6	1.7	1.8	1.9	2.0
$P(0 \leqq Z \leqq \alpha)$	0.3643	0.3849	0.4032	0.4192	0.4332	0.4452	0.4554	0.4641	0.4713	0.4772
α	2.1	2.2	2.3	2.4	2.5	2.6	2.7	2.8	2.9	3.0
$P(0 \leqq Z \leqq \alpha)$	0.4821	0.4861	0.4893	0.4918	0.4938	0.4953	0.4965	0.4974	0.4981	0.4987

図 k.2 標準正規分布

第3章 総仕上げレベル

1 $(x, y) = (1, 2), (2, 1), \left(\dfrac{-1 \pm \sqrt{3}\,i}{2}, -1 \mp \sqrt{3}\,i\right), \left(-1 \pm \sqrt{3}\,i, \dfrac{-1 \mp \sqrt{3}\,i}{2}\right)$ (複号同順)

◇解 説

$$\begin{cases} x^3 + xy + y^3 = 11 & \cdots(1) \\ x^3 - xy + y^3 = 7 & \cdots(2) \end{cases}$$

式 (1) + 式 (2) から, $x^3 + y^3 = 9$

練習問題解答・解説

式 (1) − 式 (2) から，$xy = 2$
$(x+y)^3 - 3xy(x+y) = x^3 + y^3$ から $x + y = X$ とおいて，

$$X^3 - 6X - 9 = 0$$
$$(X - 3)(X^2 + 3x + 3) = 0$$
$$X = 3, \frac{-3 \pm \sqrt{3}\,i}{2}$$

(i) $X = x + y = 3$ のとき

$x + y = 3$ かつ $xy = 2$ より，x, y は 2 次方程式 $t^2 - 3t + 2 = 0$ を満たす．

$$(t-1)(t-2) = 0 \text{ より，} t = 1, 2$$

よって，$(x, y) = (1, 2), (2, 1)$

(ii) $X = x + y = \dfrac{-3 \pm \sqrt{3}\,i}{2}$ のときで，2 つの場合に分けて考える．

(a) $x + y = \dfrac{-3 + \sqrt{3}\,i}{2}$ かつ $xy = 2$ の場合

x, y は，$t^2 - \dfrac{-3 + \sqrt{3}\,i}{2} t + 2 = 0$ を満たす．

$$t = \frac{-3 + \sqrt{3}\,i \pm \sqrt{-26 - 6\sqrt{3}\,i}}{4}$$

ここで，$\sqrt{-26 - 6\sqrt{3}\,i} = 1 - 3\sqrt{3}\,i, \ -1 + 3\sqrt{3}\,i$ …(※)

よって，$t = \dfrac{-1 - \sqrt{3}\,i}{2}, \ -1 + \sqrt{3}\,i$ となり，

$$(x, y) = \left(\frac{-1 - \sqrt{3}\,i}{2}, -1 + \sqrt{3}\,i \right), \ \left(-1 + \sqrt{3}\,i, \frac{-1 - \sqrt{3}\,i}{2} \right)$$

(b) $x + y = \dfrac{-3 - \sqrt{3}\,i}{2}$ かつ $xy = 2$ の場合

x, y は，$t^2 + \dfrac{3 + \sqrt{3}\,i}{2} t + 2 = 0$ を満たす．

$$t = \frac{-3 - \sqrt{3}\,i \pm \sqrt{-26 + 6\sqrt{3}\,i}}{4}$$

$$\sqrt{-26 + 6\sqrt{3}\,i} = 1 + 3\sqrt{3}\,i, \ -1 - 3\sqrt{3}\,i \quad \cdots (※)$$

よって，$t = \dfrac{-1 + \sqrt{3}\,i}{2}, \ -1 - \sqrt{3}\,i$ となり，

$$(x, y) = \left(\frac{-1 + \sqrt{3}\,i}{2}, -1 - \sqrt{3}\,i \right), \ \left(-1 - \sqrt{3}\,i, \frac{-1 + \sqrt{3}\,i}{2} \right)$$

第3章 総仕上げレベル

◇ 参 考(※)

本問は複素数の平方根まで計算する必要がある.

たとえば, $\sqrt{-26-6\sqrt{3}\,i}$ の平方根を求めるには,

$$\sqrt{-26-6\sqrt{3}\,i} = a+bi \quad (a,\ b\text{ は実数})$$

とおく. 両辺を2乗して,

$$-26-6\sqrt{3}\,i = a^2 - b^2 + 2abi$$

となり,

$$a^2 - b^2 = -26, \quad 2ab = -6\sqrt{3}$$

から, a, b を求めると,

$$a = \pm 1, \quad b = \mp 3\sqrt{3}$$

すなわち,

$$\sqrt{-26-6\sqrt{3}\,i} = \pm 1 \mp 3\sqrt{3}\,i \quad (\text{複号同順})$$

同様に,

$$\sqrt{-26+6\sqrt{3}\,i} = \pm 1 \pm 3\sqrt{3}\,i \quad (\text{複号同順})$$

と求められる.

2 1

◈ 解 説

$$\sum_{k=1}^{n} \frac{{}_n\mathrm{C}_k(-1)^{k+1}}{k} = n - \frac{1}{2}{}_n\mathrm{C}_2 + \frac{1}{3}{}_n\mathrm{C}_3 - \frac{1}{4}{}_n\mathrm{C}_4 + \cdots + \frac{(-1)^{n+1}}{n}$$

$f(x) = \displaystyle\sum_{k=1}^{n} \frac{{}_n\mathrm{C}_k(-1)^{k+1}x^k}{k}$ とおけば,

$$f'(x) = \sum_{k=1}^{n} {}_n\mathrm{C}_k(-1)^{k+1}x^{k-1} = \sum_{k=1}^{n} {}_n\mathrm{C}_k(-1)^{k-1}x^{k-1} = \sum_{k=1}^{n} {}_n\mathrm{C}_k(-x)^{k-1}$$

$$= -\frac{1}{x}\sum_{k=1}^{n} {}_n\mathrm{C}_k(-x)^k = -\frac{1}{x}\left\{\sum_{k=0}^{n} {}_n\mathrm{C}_k(-x)^k - 1\right\} = \frac{1 - \displaystyle\sum_{k=0}^{n} {}_n\mathrm{C}_k(-x)^k}{x}$$

$$= \frac{1-(1-x)^n}{x} \quad (\text{二項定理から})$$

練習問題解答・解説

$f(0) = 0$ から，

$$f(1) = \int_0^1 f'(x)dx = \int_0^1 \frac{1-(1-x)^n}{x}dx = \int_0^1 \frac{1-t^n}{1-t}dt \quad (x = 1-t \text{ とおいた})$$

$$\int_0^1 \frac{1-t^n}{1-t}dt = \int_0^1 (1+t+t^2+\cdots+t^{n-1})dt = 1 + \frac{1}{2} + \frac{1}{3} + \cdots + \frac{1}{n}$$

ところで，

$$\lim_{n\to\infty}\left(1 + \frac{1}{2} + \frac{1}{3} + \cdots + \frac{1}{n} - \log_e n\right) = \gamma$$

（γ はオイラー（Euler）の定数で，$\gamma = 0.57721\cdots$）

であるから，$n \to \infty$ で

$$f(1) = \sum_{k=1}^n \frac{{}_n\mathrm{C}_k(-1)^{k+1}}{k} = 1 + \frac{1}{2} + \frac{1}{3} + \cdots + \frac{1}{n} \quad \to \quad \log_e n + \gamma$$

となる．したがって，

$$\lim_{n\to\infty}(\log_e n)^{-1} \cdot \sum_{k=1}^n \frac{{}_n\mathrm{C}_k(-1)^{k+1}}{k} = \lim_{n\to\infty}\frac{\log_e n + \gamma}{\log_e n} = \lim_{n\to\infty}\left(1 + \frac{\gamma}{\log_e n}\right) = 1$$

◇**参　考**

オイラーの定数 γ は，オイラー・マスケローニ定数ともよばれ，

$$\gamma = \lim_{n\to\infty}\left(\sum_{k=1}^n \frac{1}{k} - \log_e n\right) = \lim_{n\to\infty}\left(1 + \frac{1}{2} + \frac{1}{3} + \cdots + \frac{1}{n} - \log_e n\right)$$

で定義される．$\lim_{n\to\infty}\left(1 + \frac{1}{2} + \frac{1}{3} + \cdots + \frac{1}{n}\right)$ は発散するが，極限においてはこの増え方が対数関数に等しくなって，これらの差がオイラーの定数に収束することを意味する．

3 $\begin{cases} 3x^2y^2 + 4y^3 = C(4x^3 + 6xy + C) & (C: \text{任意定数}) \\ y = 0 & (\text{特異解}) \end{cases}$

※**解　説**

ダランベールの微分方程式は，ラグランジュの微分方程式ともよばれる．
$p = \dfrac{dy}{dx}$ とおけば，与式は，

$$y = 2xp + p^2 \qquad \cdots(1)$$

と表せる．式 (1) の両辺を x で微分して整理すると，

$$\frac{dx}{dp} + \frac{2}{p}x = -2 \qquad \cdots(2)$$

第3章 総仕上げレベル

式 (2) は x を p の関数としたときの 1 階線形微分方程式になる（ただし，$p \neq 0$）.

式 (2) を解いて，

$$x = e^{-\int \frac{2}{p}dp}\left(\int (-2)e^{\int \frac{2}{p}dp}dp + C\right) = \frac{1}{p^2}\left(-\frac{2}{3}p^3 + C\right) = \frac{3C - 2p^3}{3p^2}$$

$3C$ を改めて C として，

$$3p^2 x + 2p^3 = C \quad (C : 任意定数) \qquad \cdots (3)$$

式 (1) と式 (3) から p を消去する．式 (1) から $p^2 = y - 2xp$ であるから，式 (3) の $p^2(3x + 2p) = C$ の p^2 に代入して，p について解くと，

$$p = \frac{C + xy}{2(x^2 + y)} \qquad \cdots (4)$$

式 (4) を式 (1) に代入して，

$$y = 2xp + p^2 = p(2x + p) = \frac{C + xy}{2(x^2 + y)}\left\{2x + \frac{C + xy}{2(x^2 + y)}\right\}$$

$$= \frac{(C + xy)^2}{4(x^2 + y)^2} + \frac{x(C + xy)}{x^2 + y}$$

両辺に，$4(x^2 + y)^2$ をかけて

$$4(x^2 + y)^2 y = C^2 + 2Cxy + x^2 y^2 + 4x(x^2 + y)(C + xy)$$

式を展開整理すると，最終的に

$$3x^2 y^2 + 4y^3 = C(4x^3 + 6xy + C)$$

なお，式 (2) を解く際に $p \neq 0$ としたが，$p = 0$ の場合，式 (1) に代入すれば，特異解 $y = 0$ が求められる．

◇ 参 考 1 ダランベール（d'Alembert）の微分方程式

ダランベールの微分方程式は，本問の $y = 2x\dfrac{dy}{dx} + \left(\dfrac{dy}{dx}\right)^2$ のように，

$$y = xf\left(\frac{dy}{dx}\right) + g\left(\frac{dy}{dx}\right) \qquad \cdots (1a)$$

と一般的に表せる微分方程式である．

本問では，$f\left(\dfrac{dy}{dx}\right) = 2\dfrac{dy}{dx}$，$g\left(\dfrac{dy}{dx}\right) = \left(\dfrac{dy}{dx}\right)^2$ である．式 (1a) で，$p = \dfrac{dy}{dx}$ とおけば，

$$y = xf(p) + g(p) \qquad \cdots (2a)$$

式 (2a) の両辺を x で微分すると，

$$p = f(p) + xf'(p)\frac{dp}{dx} + g'(p)\frac{dp}{dx} \qquad \cdots (3a)$$

p を独立変数, x を p の関数とみなして式 (3a) を変形すると,

$$\frac{dx}{dp} + \frac{f'(p)}{f(p) - p} x = -\frac{g'(p)}{f(p) - p} \quad (\text{ただし}, \ p \neq f(p)) \quad \cdots (4a)$$

さて, 式 (4a) は x を p の関数としたときの 1 階線形微分方程式となって, 解は,

$$x = \exp\left(-\int \frac{f'(p)}{f(p) - p} dp\right) \left\{ C - \int \frac{g'(p)}{f(p) - p} \exp\left(\int \frac{g'(p)}{f(p) - p} dp\right) dp \right\} \quad \cdots (5a)$$

(C：任意定数)

式 (2a) と式 (5a) から p を消去して, 式 (1a) の一般解が求められる.

さらに, 式 (4a) で $p - f(p) = 0$ を満たす $p = p_0$, すなわち, $p_0 - f(p_0) = 0$ ならば, 式 (1a) から

$$y = xf(p_0) + g(p_0)$$

が特異解となる.

◇参 考 2 クレーロー (Clairaut) の微分方程式

ダランベールの微分方程式 (1a) において, $f\left(\dfrac{dy}{dx}\right) = \dfrac{dy}{dx}$ のとき, すなわち,

$$y = x\frac{dy}{dx} + g\left(\frac{dy}{dx}\right) \quad \cdots (1b)$$

すなわち,

$$y = xp + g(p) \quad \cdots (2b)$$

であるとき, 式 (1b), (2b) はクレーローの微分方程式とよばれる. これは, ダランベールの微分方程式の簡易版ともいえる.

式 (1b), (2b) は以後, 以下のような形の微分方程式で考える.

$$y = x\frac{dy}{dx} + f\left(\frac{dy}{dx}\right), \quad \text{もしくは} \quad y = xp + f(p) \quad \cdots (3b)$$

式 (3b) の両辺を x で微分すると,

$$p = p + x\frac{dp}{dx} + f'(p)\frac{dp}{dx}$$

すなわち,

$$\{x + f'(p)\}\frac{dp}{dx} = 0 \quad \cdots (4b)$$

式 (4b) から $\dfrac{dp}{dx} = 0$, もしくは, $x + f'(p) = 0$ となる.

第3章 総仕上げレベル

(i) $\dfrac{dp}{dx} = 0$：一般解

$\dfrac{dy}{dx} = p = C$（C：任意定数）となり，これと式 (3b) から，一般解として，

$$y = Cx + f(C) \quad (C：任意定数)$$

(ii) $x + f'(p) = 0$：特異解

$x + f'(p) = 0$ と式 (3b) から，特異解

$$\begin{cases} x = -f'(p) \\ y = -f'(p)p + f(p) \end{cases} \qquad \cdots (5b)$$

が得られる．式 (5b) は，p を媒介変数とした曲線を示しており，p を消去すれば，x，y の関係式が得られる．

4 −27

❖ 解 説

行列式 D ではなく，さらにその 2 乗の値 D^2 を求めることに注意する．

また，ω は $x^3 = 1$ の虚数解の 1 つなので，$\omega^3 = 1$，$\omega^2 + \omega + 1 = 0$（$\omega^2 = -\omega - 1$）をうまく利用する．

$$D = \begin{vmatrix} 1 & \omega & \omega^2 & 1 \\ \omega & \omega^2 & 1 & 1 \\ \omega^2 & 1 & 1 & \omega \\ 1 & 1 & \omega & \omega^2 \end{vmatrix}$$

（第 2 列の 1 倍，第 3 列の 1 倍，第 4 列の 1 倍を，それぞれ第 1 列に加える．）

$$= \begin{vmatrix} 1 & \omega & -\omega-1 & 1 \\ 1 & -\omega-1 & 1 & 1 \\ 1 & 1 & 1 & \omega \\ 1 & 1 & \omega & -\omega-1 \end{vmatrix}$$

（第 1 行の (-1) 倍を第 2 行，第 3 行，第 4 行にそれぞれ加える．）

$$= \begin{vmatrix} 1 & \omega & -\omega-1 & 1 \\ 0 & -2\omega-1 & \omega+2 & 0 \\ 0 & 1-\omega & \omega+2 & \omega-1 \\ 0 & 1-\omega & 2\omega+1 & -\omega-2 \end{vmatrix}$$

$$= \begin{vmatrix} -2\omega-1 & \omega+2 & 0 \\ 1-\omega & \omega+2 & \omega-1 \\ 1-\omega & 2\omega+1 & -\omega-2 \end{vmatrix}$$

（第 2 行の (-1) 倍を第 3 行に加える．）

$$= \begin{vmatrix} -2\omega-1 & \omega+2 & 0 \\ 1-\omega & \omega+2 & \omega-1 \\ 0 & \omega-1 & -2\omega-1 \end{vmatrix}$$

（第 1 行の (-1) 倍を第 2 行に加える．）

$$= \begin{vmatrix} -2\omega-1 & \omega+2 & 0 \\ 2+\omega & 0 & \omega-1 \\ 0 & \omega-1 & -2\omega-1 \end{vmatrix}$$

練習問題解答・解説

この行列式を展開すると，

$$D = (\omega+2)^2(2\omega+1) + (\omega-1)^2(2\omega+1)$$
$$= (2\omega+1)(2\omega^2+2\omega+5) = (2\omega+1)\{2(\omega^2+\omega+1)+3\}$$
$$= 3(2\omega+1) \quad (\because \omega^2+\omega+1=0)$$

これを 2 乗すると，

$$D^2 = 3^2(2\omega+1)^2 = 9(4\omega^2+4\omega+1) = 9 \times \{4(\omega^2+\omega+1)-3\}$$
$$= 9 \times (-3) = -27$$

5 $\dfrac{\sqrt{2}}{4}\pi$

◇ **解 説**

被積分関数 $\dfrac{x^2+1}{x^4+1} = \dfrac{x^2+1}{(x^2+1)^2-2x^2} = \dfrac{x^2+1}{(x^2+\sqrt{2}\,x+1)(x^2-\sqrt{2}\,x+1)}$ となって，

$\dfrac{x^2+1}{x^4+1} = \dfrac{1}{2}\left(\dfrac{1}{x^2+\sqrt{2}\,x+1} + \dfrac{1}{x^2-\sqrt{2}\,x+1}\right)$ と部分分数に分解できることに注意する．

$$\int_0^1 \dfrac{x^2+1}{x^4+1}\,dx = \dfrac{1}{2}\int_0^1 \dfrac{1}{x^2+\sqrt{2}\,x+1}\,dx + \dfrac{1}{2}\int_0^1 \dfrac{1}{x^2-\sqrt{2}\,x+1}\,dx$$

$$= \dfrac{1}{2}\int_0^1 \dfrac{1}{\left(x+\dfrac{1}{\sqrt{2}}\right)^2+\left(\dfrac{1}{\sqrt{2}}\right)^2}\,dx + \dfrac{1}{2}\int_0^1 \dfrac{1}{\left(x-\dfrac{1}{\sqrt{2}}\right)^2+\left(\dfrac{1}{\sqrt{2}}\right)^2}\,dx$$

$$= A+B$$

とおく．ただし，

$$A = \dfrac{1}{2}\int_0^1 \dfrac{1}{\left(x+\dfrac{1}{\sqrt{2}}\right)^2+\left(\dfrac{1}{\sqrt{2}}\right)^2}\,dx, \quad B = \dfrac{1}{2}\int_0^1 \dfrac{1}{\left(x-\dfrac{1}{\sqrt{2}}\right)^2+\left(\dfrac{1}{\sqrt{2}}\right)^2}\,dx$$

$\displaystyle\int \dfrac{dx}{x^2+a^2} = \dfrac{1}{a}\tan^{-1}\dfrac{x}{a} \ (a\neq 0)$ から，$\displaystyle\int \dfrac{dx}{(x+a)^2+a^2} = \dfrac{1}{a}\tan^{-1}\dfrac{x+a}{a}$ であるから，

$$A = \dfrac{1}{2}\int_0^1 \dfrac{1}{\left(x+\dfrac{1}{\sqrt{2}}\right)^2+\left(\dfrac{1}{\sqrt{2}}\right)^2}\,dx = \dfrac{\sqrt{2}}{2}\Big[\tan^{-1}(\sqrt{2}\,x+1)\Big]_{x=0}^{x=1}$$

$$= \dfrac{\sqrt{2}}{2}\left\{\tan^{-1}(\sqrt{2}+1) - \dfrac{\pi}{4}\right\}$$

また，$B = \dfrac{1}{2}\displaystyle\int_0^1 \dfrac{1}{\left(x-\dfrac{1}{\sqrt{2}}\right)^2 + \left(\dfrac{1}{\sqrt{2}}\right)^2}\,dx = \dfrac{\sqrt{2}}{2}\left\{\tan^{-1}(\sqrt{2}-1) + \dfrac{\pi}{4}\right\}$ と求められ，

$$\int_0^1 \dfrac{x^2+1}{x^4+1}\,dx = A + B = \dfrac{\sqrt{2}}{2}\{\tan^{-1}(\sqrt{2}+1) + \tan^{-1}(\sqrt{2}-1)\}$$

しかし，これでもまだ計算途中である．$X = \tan^{-1}(\sqrt{2}+1)$, $Y = \tan^{-1}(\sqrt{2}-1)$ とおくと，$\tan X = \sqrt{2}+1$, $\tan Y = \sqrt{2}-1$ となり，

$$\tan(X+Y) = \dfrac{\tan X + \tan Y}{1 - \tan X \tan Y} = \dfrac{2\sqrt{2}}{1 - (\sqrt{2}+1)(\sqrt{2}-1)} = \dfrac{2\sqrt{2}}{1-(2-1)} \to \infty$$

となって無限大 ∞ になってしまう．

これから，$X + Y = \tan^{-1}(\sqrt{2}+1) + \tan^{-1}(\sqrt{2}-1) = \dfrac{\pi}{2}$ 　　　…(※)

最終的に，

$$\int_0^1 \dfrac{x^2+1}{x^4+1}\,dx = \dfrac{\sqrt{2}}{2}(X+Y) = \dfrac{\sqrt{2}}{4}\pi$$

◇参　考(※)

別の視点から，上記 (※) を確認してみよう．

$\tan\left(\dfrac{\pi}{2} - y\right) = \dfrac{1}{\tan y}$ の関係から，$y = \tan^{-1} x$ とすると，$x = \tan y$ で $\tan\left(\dfrac{\pi}{2} - y\right) = \dfrac{1}{x}$.

$\dfrac{\pi}{2} - y = \tan^{-1}\dfrac{1}{x}$ から，$\dfrac{\pi}{2} - \tan^{-1} x = \tan^{-1}\dfrac{1}{x}$. すなわち，

$$\tan^{-1} x + \tan^{-1}\dfrac{1}{x} = \dfrac{\pi}{2} \quad (x > 0) \qquad \cdots(1)$$

式 (1) の関係を使えば，$x = \sqrt{2}+1$ として，$\dfrac{1}{x} = \sqrt{2}-1$ から，

$$\tan^{-1}(\sqrt{2}+1) + \tan^{-1}(\sqrt{2}-1) = \dfrac{\pi}{2}$$

が得られる．

6　$a^2 + b^2 + c^2 + d^2 + 1$

◈解　説

$$\begin{vmatrix} a^2+1 & ab & ac & ad \\ ba & b^2+1 & bc & bd \\ ca & cb & c^2+1 & cd \\ da & db & dc & d^2+1 \end{vmatrix}$$

第1列の要素を2つの行列式に分解する．

練習問題解答・解説

$$= \begin{vmatrix} a^2 & ab & ac & ad \\ ba & b^2+1 & bc & bd \\ ca & cb & c^2+1 & cd \\ da & db & dc & d^2+1 \end{vmatrix} + \begin{vmatrix} 1 & ab & ac & ad \\ 0 & b^2+1 & bc & bd \\ 0 & cb & c^2+1 & cd \\ 0 & db & dc & d^2+1 \end{vmatrix}$$

$$= A + B$$

とおく.ここで,

$$A = \begin{vmatrix} a^2 & ab & ac & ad \\ ba & b^2+1 & bc & bd \\ ca & cb & c^2+1 & cd \\ da & db & dc & d^2+1 \end{vmatrix}$$

> 第2列の要素を2つの行列式に分解する.

$$= \begin{vmatrix} a^2 & ab & ac & ad \\ ba & b^2 & bc & bd \\ ca & cb & c^2+1 & cd \\ da & db & dc & d^2+1 \end{vmatrix} + \begin{vmatrix} a^2 & 0 & ac & ad \\ ba & 1 & bc & bd \\ ca & 0 & c^2+1 & cd \\ da & 0 & dc & d^2+1 \end{vmatrix}$$

> 最初の行列式を2つに分解する.

$$= \begin{vmatrix} a^2 & ab & ac & ad \\ ba & b^2 & bc & bd \\ ca & cb & c^2 & cd \\ da & db & dc & d^2+1 \end{vmatrix} + \begin{vmatrix} a^2 & ab & 0 & ad \\ ba & b^2 & 0 & bd \\ ca & cb & 1 & cd \\ da & db & 0 & d^2+1 \end{vmatrix} + \begin{vmatrix} a^2 & ac & ad \\ ca & c^2+1 & cd \\ da & dc & d^2+1 \end{vmatrix}$$

> ・最初と2番目の行列式は0になる(【参考】を参照).
> ・3番目の行列式を2つに分解する.

$$= \begin{vmatrix} a^2 & ac & ad \\ ca & c^2 & cd \\ da & dc & d^2+1 \end{vmatrix} + \begin{vmatrix} a^2 & 0 & ad \\ ca & 1 & cd \\ da & 0 & d^2+1 \end{vmatrix} = \begin{vmatrix} a^2 & ad \\ da & d^2+1 \end{vmatrix} = a^2$$

> 最初の行列式は0になる.

一方,

$$B = \begin{vmatrix} 1 & ab & ac & ad \\ 0 & b^2+1 & bc & bd \\ 0 & cb & c^2+1 & cd \\ 0 & db & dc & d^2+1 \end{vmatrix} = \begin{vmatrix} b^2+1 & bc & bd \\ cb & c^2+1 & cd \\ db & dc & d^2+1 \end{vmatrix}$$

> 第1列の要素を2つの行列式に分解する.

$$= \begin{vmatrix} b^2 & bc & bd \\ cb & c^2+1 & cd \\ db & dc & d^2+1 \end{vmatrix} + \begin{vmatrix} 1 & bc & bd \\ 0 & c^2+1 & cd \\ 0 & dc & d^2+1 \end{vmatrix}$$

> 最初の行列式を2つに分解する.

$$= \begin{vmatrix} b^2 & bc & bd \\ cb & c^2 & cd \\ db & dc & d^2+1 \end{vmatrix} + \begin{vmatrix} b^2 & 0 & bd \\ cb & 1 & cd \\ db & 0 & d^2+1 \end{vmatrix} + \begin{vmatrix} c^2+1 & cd \\ dc & d^2+1 \end{vmatrix}$$

> 最初の行列式は0になる.

$$= \begin{vmatrix} b^2 & bd \\ db & d^2+1 \end{vmatrix} + c^2 + d^2 + 1$$

$$= b^2 + c^2 + d^2 + 1$$

第3章　総仕上げレベル

よって，

$$\begin{vmatrix} a^2+1 & ab & ac & ad \\ ba & b^2+1 & bc & bd \\ ca & cb & c^2+1 & cd \\ da & db & dc & d^2+1 \end{vmatrix} = A+B = a^2+b^2+c^2+d^2+1$$

◇参　考

A の最初の行列式で確認する．

$$\begin{vmatrix} a^2 & ab & ac & ad \\ ba & b^2 & bc & bd \\ ca & cb & c^2 & cd \\ da & db & dc & d^2+1 \end{vmatrix} = a \begin{vmatrix} a & b & c & d \\ ba & b^2 & bc & bd \\ ca & cb & c^2 & cd \\ da & db & dc & d^2+1 \end{vmatrix} = ab \begin{vmatrix} a & b & c & d \\ a & b & c & d \\ ca & cb & c^2 & cd \\ da & db & dc & d^2+1 \end{vmatrix} = 0$$

第1行と第2行が等しいので，行列式は0になる．

7 $A_n = \{(2n)^2+1^2\}\{(2n-1)^2+2^2\}\{(2n-2)^2+3^2\}\cdots\{(n+1)^2+n^2\}$ として，$k=1, 2, 3, \ldots$ に対して，

- $n = 4k$ のとき，A_n
- $n = 4k-2$ のとき，$-A_n$
- $n = 4k-1, 4k-3$ のとき，0

◈解　説

解答のめどが立たないとき，$n=1, 2, 3\ldots$ と具体的な値を計算して見当をつけていけばよい．また，a, b は実数として，$(a+bi)(b+ai) = (a^2+b^2)i$ と計算できることに注目する．

(i) $n=1$ のとき

$$(2+i)(1+2i) = 2 + 2^2 i + i + 2i^2 = 2 - 2 + 2^2 i + i = (2^2+1^2)i$$

結果は純虚数なので，実部は 0 である．

(ii) $n=2$ のとき

$$\begin{aligned}
&(4+i)(3+2i)(2+3i)(1+4i) \\
&= (4+i)(1+4i)(3+2i)(2+3i) \\
&= (4^2+1^2)i \times (3^2+2^2)i \\
&= (4^2+1^2)(3^2+2^2)i^2 \\
&= -(4^2+1^2)(3^2+2^2)
\end{aligned}$$

結果は実数で，実部は $-(4^2+1^2)(3^2+2^2)$ である．

(iii) $n=3$ のとき

$$(6+i)(5+2i)(4+3i)(3+4i)(2+5i)(1+6i)$$

練習問題解答・解説

$$= (6+i)(1+6i)(5+2i)(2+5i)(4+3i)(3+4i)$$
$$= (6^2+1^2)(5^2+2^2)(4^2+3^2)i^3$$
$$= -(6^2+1^2)(5^2+2^2)(4^2+3^2)i$$

結果は純虚数で,実部は 0 である.
(iv) $n=4$ のとき

$$(8+i)(7+2i)(6+3i)(5+4i)(4+5i)(3+6i)(2+7i)(1+8i)$$
$$= (8^2+1^2)(7^2+2^2)(6^2+3^2)(5^2+4^2)i^4$$
$$= (8^2+1^2)(7^2+2^2)(6^2+3^2)(5^2+4^2)$$

結果は実数で,実部は $(8^2+1^2)(7^2+2^2)(6^2+3^2)(5^2+4^2)$ である.
(v) $n=5$ では,

$$(10+i)(9+2i)(8+3i)\cdots(3+8i)(2+9i)(1+10i)$$
$$= (10^2+1^2)(9^2+2^2)(8^2+3^2)(7^2+4^2)(6^2+5^2)i$$

となって,$n=1$ と同様となって純虚数となる.実部は 0 である.

以後,n は4増えるごとに同じパターンを繰り返すようになる.一般的に,

$$A_n = \{(2n)^2+1^2\}\{(2n-1)^2+2^2\}\{(2n-2)^2+3^2\}\cdots\{(n+1)^2+n^2\}$$

とおけば,
◎ $n=1,5,9,\ldots,$ すなわち $n=4k-3$ $(k=1,2,3,\ldots)$ の場合
 $n=3,7,11,\ldots,$ すなわち $n=4k-1$ $(k=1,2,3,\ldots)$ の場合
 これらの結果は純虚数となるので,ともに実部は 0 である.
◎ $n=2,6,10,\ldots,$ すなわち $n=4k-2$ $(k=1,2,3,\ldots)$ の場合
 実部は $-A_n$ である.
◎ $n=4,8,12,\ldots,$ すなわち $n=4k$ $(k=1,2,3,\ldots)$ の場合
 実部は A_n である.

◇ **参 考(別解)**

$(a+bi)(b+ai) = (a^2+b^2)i$ と計算できることがわかれば,一気に計算を進めてもよい.

$$(2n+i)(2n-1+2i)(2n-2+3i)(2n-3+4i)\cdots\{2+(2n-1)i\}(1+2ni)$$
$$= (2n+i)(1+2ni)(2n-1+2i)\{2+(2n-1)i\}\cdots(n+1+ni)\{n+(n+1)i\}$$
$$= \{(2n)^2+1^2\}\{(2n-1)^2+2^2\}\{(2n-2)^2+3^2\}\cdots\{(n+1)^2+n^2\}i^n$$
$$= A_n i^n \quad (n \text{ は正の整数})$$

i^n の値の動きは図 k.3 を参照のこと.
◎ $n=1,5,9,\ldots$ すなわち $n=4k+1$ $(k=0,1,2,3,\ldots)$ では,$i^n=i$ なので

$A_n i^n = A_n i$,すなわち 実部は 0 である.

第3章 総仕上げレベル

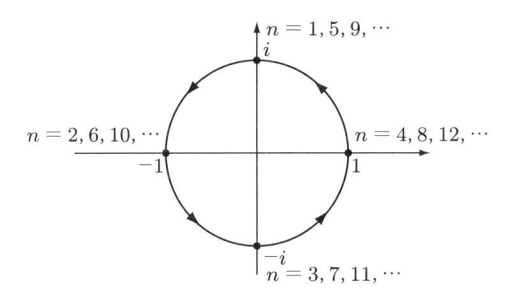

図 k.3　複素数平面上の i^n の値

◎ $n=3, 7, 11, \ldots$ すなわち $n=4k+3$ $(k=0, 1, 2, 3, \ldots)$ では，$i^n=-i$ なので

$A_n i^n = -A_n i$，　すなわち　実部は 0 である．

◎ $n=4, 8, 12, \ldots$ すなわち $n=4k+4$ $(k=0, 1, 2, 3, \ldots)$ では，$i^n=1$ なので

$A_n i^n = A_n$，　すなわち　実部は A_n である．

◎ $n=2, 6, 10, \ldots$ すなわち $n=4k+2$ $(k=0, 1, 2, 3, \ldots)$ では，$i^n=-1$ なので

$A_n i^n = -A_n$，　すなわち　実部は $-A_n$ である．

8　2^{n+1}

◈ 解　説

$$\frac{1}{1+x} = 1 - x + x^2 - x^3 + x^4 + \cdots + (-1)^n x^n = \sum_{k=0}^{\infty}(-1)^k x^k \ (|x|<1) \text{ から}$$

$$\begin{aligned}
(1-x+x^2)^{-1} &= \frac{1}{1-x+x^2} \\
&= \frac{1+x}{1+x^3} = (1+x)\{1-x^3+x^6-x^9+\cdots+(-1)^n x^{3n}+\cdots\} \\
&= 1+x-x^3-x^4+x^6+x^7-x^9-x^{10}+\cdots+(-1)^n x^{3n}+\cdots
\end{aligned}$$

すなわち，$p_{3n}=(-1)^n$ となる．

また，

$$(1-x-2x^2)^{-1} = \frac{1}{1-x-2x^2} = \frac{1}{1+x} \times \frac{1}{1-2x}$$

$$= \{1-x+x^2-x^3+x^4+\cdots+(-1)^n x^n+\cdots\}(1+2x+2^2 x^2+\cdots+2^n x^n+\cdots)$$

$$\begin{aligned}
= 1 &+ 2x + 2^2 x^2 + \quad \cdots \quad\quad\quad + 2^n x^n + \cdots \\
&- x\ - 2x^2 - 2^2 x^3 + \ \cdots\ + (-1) 2^{n-1} x^n + \cdots \\
&\quad\quad\ \ x^2\ + 2x^3 + 2^2 x^4 + \cdots + 2^{n-2} x^n + \cdots \\
&\quad\quad\quad\quad\quad\quad\quad\quad\quad\ \cdots + (-1)^n 1 x^n + \cdots
\end{aligned}$$

練習問題解答・解説

より,

$$q_n = 2^n - 2^{n-1} + 2^{n-2} + \cdots + (-1)^n \times 1$$

$$= 2^n \left\{ 1 - \frac{1}{2} + \left(\frac{1}{2}\right)^2 - \left(\frac{1}{2}\right)^3 + \cdots + \left(-\frac{1}{2}\right)^n \right\}$$

$$= 2^n \frac{1 - \left(-\frac{1}{2}\right)^{n+1}}{1 + \frac{1}{2}} = \frac{1}{3}\{2^{n+1} + (-1)^n\}$$

最終的に,

$$3q_n - p_{3n} = 2^{n+1} + (-1)^n - (-1)^n = 2^{n+1}$$

9 (1) $\begin{cases} x(t) = \frac{1}{2}(e^t + e^{-t}) = \cosh t, \quad y(t) = \frac{1}{2}(e^t - e^{-t}) = \sinh t \\ x = 1, \quad y = 0 \end{cases}$ (2) 解説を参照

◇ **解 説**

$$\begin{cases} \dfrac{dx}{dt} = y(t) & \cdots(1) \\ x(0) = 1 & \cdots(2) \\ x^2(t) - y^2(t) = 1 & \cdots(3) \end{cases}$$

式 (3) の両辺を t で微分すると,

$$2x\frac{dx}{dt} - 2y\frac{dy}{dt} = 0$$

式 (1) を代入して,

$$2xy - 2y\frac{dy}{dt} = 0$$

すなわち, $y\left(x - \dfrac{dy}{dt}\right) = 0$

これから, $y = 0$, または $\dfrac{dy}{dt} = x$ である.

式 (1) で $y = 0$ から, $\dfrac{dx}{dt} = 0$, $x = C$ (C:定数)

式 (2) から, $C = 1$ で $x = 1$

次に, $\dfrac{dy}{dt} = x$ と式 (1) から, $\dfrac{d^2x}{dt^2} = \dfrac{dy}{dt} = x$

$\dfrac{d^2x}{dt^2} = x$ は定係数の 2 階線形微分方程式であり, 特性方程式は $\lambda^2 = 1$. $\lambda = \pm 1$ から, 一般解は

第3章 総仕上げレベル

$$x(t) = Ae^t + Be^{-t} \quad \cdots(4)$$

式 (1) から，$\dfrac{dx}{dt} = y(t) = Ae^t - Be^{-t}$ $\quad\cdots(5)$

式 (4) で式 (2) から，$x(0) = A + B = 1$ $\quad\cdots(6)$

また，式 (3) から，$(Ae^t + Be^{-t})^2 - (Ae^t - Be^{-t})^2 = 1$

すなわち，$4AB = 1$ $\quad\cdots(7)$

式 (6), (7) から，$A = B = \dfrac{1}{2}$

これを式 (4), (5) に代入して，

$$x(t) = \frac{1}{2}(e^t + e^{-t}) = \cosh t, \quad y(t) = \frac{1}{2}(e^t - e^{-t}) = \sinh t$$

いわゆる双曲線関数となる．

すなわち，

$$\begin{cases} x(t) = \dfrac{1}{2}(e^t + e^{-t}) = \cosh t, \quad y(t) = \dfrac{1}{2}(e^t - e^{-t}) = \sinh t & \cdots\text{(a)} \\ x = 1, \quad y = 0 & \cdots\text{(b)} \end{cases}$$

$x(t)$, $y(t)$ のグラフを，図 k.4 に示す．

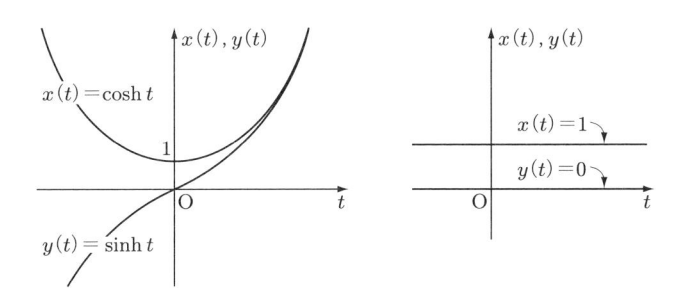

（a）$x(t) = \cosh t, y(t) = \sinh t$ のグラフ　　（b）$x(t) = 1, y(t) = 0$ のグラフ

図 k.4 $x(t)$, $y(t)$ のグラフ

◇参　考

$y = \dfrac{e^x + e^{-x}}{2} = \cosh x$ を解とする微分方程式は，「数学検定」1 級で以下のように出題されたことがあるので，参考までに紹介しておく．

「y を x の関数とするとき，$\dfrac{y''}{\sqrt{1 + (y')^2}} = 1$ の初期条件 $y(0) = 1$, $y'(0) = 0$ を満たす解を求めなさい．」

練習問題解答・解説

以下に，解法を示す．

$$\frac{y''}{\sqrt{1+(y')^2}} = 1, \quad \text{すなわち} \quad y'' = \sqrt{1+(y')^2}$$

$y' = u$ とおいて，$u' = \dfrac{du}{dx} = \sqrt{1+u^2}$

$$\int \frac{du}{\sqrt{1+u^2}} = \int dx \qquad \cdots(1)$$

式 (1) の左辺は，$\displaystyle\int \frac{du}{\sqrt{1+u^2}} = \log_e |\sqrt{1+u^2} + u|$ なので，

$$\log_e |\sqrt{1+u^2} + u| = x + C \quad (C: \text{任意定数})$$

$\sqrt{1+u^2} + u = Ae^x$（A：任意定数）を u について解いて，

$$u = \frac{dy}{dx} = \frac{A^2 e^{2x} - 1}{2Ae^x} = \frac{A}{2}e^x - \frac{1}{2A}e^{-x}$$

$y'(0) = u(0) = 0$ より，$\dfrac{A}{2} - \dfrac{1}{2A} = 0$, $A = \pm 1$ となって

$$u = \pm \frac{e^x - e^{-x}}{2}$$

ところが，$u' = \dfrac{du}{dx} = \sqrt{1+u^2}$ で $u'(0) = \sqrt{1+u^2(0)} = 1$（$\because y'(0) = u(0) = 0$）から $u' = \dfrac{e^x + e^{-x}}{2}$（$A = 1$ のとき），$u' = -\dfrac{e^x + e^{-x}}{2}$（$A = -1$ のとき）のうち $u' = -\dfrac{e^x + e^{-x}}{2}$（$A = -1$）は不適である．

よって，$u = \dfrac{dy}{dx} = \dfrac{e^x - e^{-x}}{2}$ となって，$y = \dfrac{e^x + e^{-x}}{2} + C$

初期条件（境界条件）$y(0) = 1$ から，$C = 0$ となって，解は $y = \dfrac{e^x + e^{-x}}{2} = \cosh(x)$

10 (1) $\dfrac{\sin x}{x}$ (2) 解説参照

❖ 解 説

(1) $a_n(x)$ のいくつかの項を書き出してみる．

$$a_1(x) = \cos \frac{x}{2}, \quad a_2(x) = a_1(x) \times a_1\left(\frac{x}{2}\right) = \cos \frac{x}{2} \cos \frac{x}{2^2},$$

$$a_3(x) = a_1(x) \times a_2\left(\frac{x}{2}\right) = \cos \frac{x}{2} \cos \frac{x}{2^2} \cos \frac{x}{2^3},$$

$$a_4(x) = a_1(x) \times a_3\left(\frac{x}{2}\right) = \cos \frac{x}{2} \cos \frac{x}{2^2} \cos \frac{x}{2^3} \cos \frac{x}{2^4}, \quad \ldots$$

第3章 総仕上げレベル

$\cos x$ のかけ算の連鎖で,しかも角は $1/2$ ずつ小さくなっていくことがわかる.
すなわち,

$$a_n(x) = a_1(x) \times a_{n-1}\left(\frac{x}{2}\right) = \cos\frac{x}{2}\cos\frac{x}{2^2}\cos\frac{x}{2^3}\cos\frac{x}{2^4}\cdots\cos\frac{x}{2^n} \quad \cdots(1)$$

ここで,三角関数の半角の公式を利用することに気づくかがポイントである.

$$\begin{aligned}
\sin x &= 2\cos\frac{x}{2}\sin\frac{x}{2} = 2\cos\frac{x}{2} \times 2\cos\frac{x}{2^2}\sin\frac{x}{2^2} \\
&= 2^2\cos\frac{x}{2}\cos\frac{x}{2^2}\sin\frac{x}{2^2} \\
&= 2^2\cos\frac{x}{2}\cos\frac{x}{2^2} \times 2\cos\frac{x}{2^3}\sin\frac{x}{2^3} \\
&= 2^3\cos\frac{x}{2}\cos\frac{x}{2^2}\cos\frac{x}{2^3}\sin\frac{x}{2^3} \\
&= 2^n\cos\frac{x}{2}\cos\frac{x}{2^2}\cos\frac{x}{2^3}\cdots\cos\frac{x}{2^n}\sin\frac{x}{2^n} \\
&= 2^n a_n(x)\sin\frac{x}{2^n} \quad (\because 式(1))
\end{aligned}$$

これから,

$$a_n(x) = \frac{\sin x}{2^n \sin\dfrac{x}{2^n}}$$

$$\lim_{n\to\infty} a_n(x) = \lim_{n\to\infty}\frac{\sin x}{2^n \sin\dfrac{x}{2^n}} = \lim_{n\to\infty}\frac{\sin x}{x \cdot \dfrac{\sin\dfrac{x}{2^n}}{\dfrac{x}{2^n}}} = \lim_{n\to\infty}\frac{1}{\dfrac{\sin\dfrac{x}{2^n}}{\dfrac{x}{2^n}}}\cdot\frac{\sin x}{x}$$

$\displaystyle\lim_{n\to\infty}\frac{1}{\dfrac{\sin\dfrac{x}{2^n}}{\dfrac{x}{2^n}}}$ は,$\dfrac{x}{2^n}=\theta$ とおけば,$n\to\infty$ のとき,$\theta\to 0$ なので,

$$\lim_{n\to\infty}\frac{1}{\dfrac{\sin\dfrac{x}{2^n}}{\dfrac{x}{2^n}}} = \lim_{\theta\to 0}\frac{1}{\dfrac{\sin\theta}{\theta}} = 1$$

したがって,$\displaystyle\lim_{n\to\infty} a_n(x) = \frac{\sin x}{x}$ が得られる.

(2) $\displaystyle\lim_{n\to\infty} a_n(x) = \lim_{n\to\infty}\cos\frac{x}{2}\cos\frac{x}{2^2}\cos\frac{x}{2^3}\cdots\cos\frac{x}{2^n} = \frac{\sin x}{x}$

ここで,上式に,$x = \dfrac{\pi}{2}$ を代入すると,

$$\frac{2}{\pi} = \lim_{n\to\infty}\cos\frac{\pi}{2^2}\cos\frac{\pi}{2^3}\cos\frac{\pi}{2^4}\cdots\cos\frac{\pi}{2^{n+1}} \quad\cdots(2)$$

練習問題解答・解説

さて，$\cos\dfrac{\pi}{2^2}=\cos\dfrac{\pi}{4}=\sqrt{\dfrac{1}{2}}$ であり，また，$\cos\dfrac{\pi}{2^k}=\sqrt{\dfrac{1}{2}+\dfrac{1}{2}\cos\dfrac{\pi}{2^{k-1}}}$ なので，

$$\cos\dfrac{\pi}{2^3}=\sqrt{\dfrac{1}{2}+\dfrac{1}{2}\sqrt{\dfrac{1}{2}}}$$

$$\cos\dfrac{\pi}{2^4}=\sqrt{\dfrac{1}{2}+\dfrac{1}{2}\sqrt{\dfrac{1}{2}+\dfrac{1}{2}\sqrt{\dfrac{1}{2}}}}$$

$$\vdots$$

式 (2) に，上記の値を代入すると，

$$\dfrac{2}{\pi}=\sqrt{\dfrac{1}{2}}\times\sqrt{\dfrac{1}{2}+\dfrac{1}{2}\sqrt{\dfrac{1}{2}}}\times\sqrt{\dfrac{1}{2}+\dfrac{1}{2}\sqrt{\dfrac{1}{2}+\dfrac{1}{2}\sqrt{\dfrac{1}{2}}}}\times\cdots \qquad \cdots(3)$$

が得られる．なお，式 (3) は次のようにも表せる．

$$\dfrac{2}{\pi}=\dfrac{\sqrt{2}}{2}\times\dfrac{\sqrt{2+\sqrt{2}}}{2}\times\dfrac{\sqrt{2+\sqrt{2+\sqrt{2}}}}{2}\times\dfrac{\sqrt{2+\sqrt{2+\sqrt{2+\sqrt{2}}}}}{2}\times\cdots$$

◇ **参 考**

Vièta（ヴィエタ）の公式 (3) は円周率 π の近似式の一種である．

ヴィエタ（1540〜1603 年）は，フランスの数学者で，本職は弁護士であったが，数学の研究に没頭し，1593 年にこの公式を発表した．彼は，ある半径 r の円に内接する正 n 角形の面積に注目し，以下のように $n\to\infty$ で，半径 r の円の面積 πr^2 に近づいていくことで求めたのである．

図 k.5 より，半径 r の円に内接する正 n 角形の面積 $S(n)$ は，

$$S(n)=n\times\triangle\mathrm{OAB}=n\times\dfrac{1}{2}r^2\sin 2\alpha=\dfrac{1}{2}nr^2\sin 2\alpha \quad \left(\alpha=\dfrac{\pi}{n}\right)$$

半径 r の円に内接する正 $2n$ 角形の面積 $S(2n)$ は，

$$S(2n)=2n\times\triangle\mathrm{OAC}=2n\times\dfrac{1}{2}r^2\sin\alpha=nr^2\sin\alpha$$

$\dfrac{S(2n)}{S(n)}=\dfrac{1}{\cos\alpha}$，$\displaystyle\lim_{n\to\infty}S(n)=\pi r^2$ から $n=4,\ 8,\ 16,\ 32,\ldots$ をとって，

$$\pi r^2=\lim_{n\to\infty}S(n)=S(4)\times\dfrac{S(8)}{S(4)}\times\dfrac{S(16)}{S(8)}\times\dfrac{S(32)}{S(16)}\times\cdots$$

となり，

第 3 章　総仕上げレベル

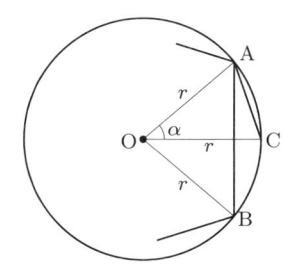

AB は正 n 角形の 1 辺
AC は正 $2n$ 角形の 1 辺

図 k.5　半径 r の円に内接する
正 n 角形と正 $2n$ 角形

$$S(4) = 2r^2, \quad \frac{S(8)}{S(4)} = \frac{1}{\cos\frac{\pi}{4}} = \sqrt{2}, \quad \frac{S(16)}{S(8)} = \frac{1}{\cos\frac{\pi}{8}} = \frac{2}{\sqrt{2+\sqrt{2}}}, \cdots$$

から，

$$\frac{2}{\pi} = \sqrt{\frac{1}{2}} \times \sqrt{\frac{1}{2} + \frac{1}{2}\sqrt{\frac{1}{2}}} \times \sqrt{\frac{1}{2} + \frac{1}{2}\sqrt{\frac{1}{2} + \frac{1}{2}\sqrt{\frac{1}{2}}}} \times \cdots$$

を得た．

ヴィエタから 150 年ほどあとになって，オイラーは本問の解説で述べたような三角関数の考察から公式を求めた．

11
- $a+b+c \neq 0$ かつ $a=b=c$ でないとき，階数は 3
- $a+b+c = 0$ かつ $a=b=c$ でないとき，階数は 2
- $a+b+c \neq 0$ かつ $a=b=c \ (\neq 0)$ であるとき，階数は 1
- $a=b=c=0$ であるとき，階数は 0

◆解　説

階数（rank）の定義はいくつかあるが，ここでは小行列式の値から求めてみる．すなわち，階数が r ならば，r 次の小行列式の中には 0 でないものがあり，$r+1$ 次以上の小行列式ではすべて 0 であることを用いる．まず，与えられた 3 次の行列の行列式の値を求める．

$$A = \begin{pmatrix} a & b & c \\ c & a & b \\ b & c & a \end{pmatrix}$$

$$\det A = \begin{vmatrix} a & b & c \\ c & a & b \\ b & c & a \end{vmatrix} = \begin{vmatrix} a+b+c & b & c \\ a+b+c & a & b \\ a+b+c & c & a \end{vmatrix} = (a+b+c)\begin{vmatrix} 1 & b & c \\ 1 & a & b \\ 1 & c & a \end{vmatrix}$$

$$= (a+b+c)\begin{vmatrix} 1 & b & c \\ 0 & a-b & b-c \\ 0 & c-b & a-c \end{vmatrix} = (a+b+c)\begin{vmatrix} a-b & b-c \\ c-b & a-c \end{vmatrix}$$

練習問題解答・解説

$$= (a+b+c)\{(a-b)(a-c)+(b-c)^2\}$$
$$= (a+b+c)(a^2+b^2+c^2-ab-bc-ca)$$
$$= \frac{1}{2}(a+b+c)\{(a-b)^2+(b-c)^2+(c-a)^2\} = \frac{1}{2}A_1 \cdot A_2$$

ただし,$A_1 = a+b+c$, $A_2 = (a-b)^2+(b-c)^2+(c-a)^2$ とする.

$\det A = \frac{1}{2}A_1 \cdot A_2$ で,$\det A \neq 0$,もしくは $\det A = 0$ の場合分けから吟味する.

(i) $\det A \neq 0$ すなわち,$A_1 \neq 0$ かつ $A_2 \neq 0$

「$A_1 \neq 0$ とは $a+b+c \neq 0$」であり,「$A_2 \neq 0$ とは $a=b=c$ でない」なので,$a+b+c \neq 0$ かつ $a=b=c$ でないとき,階数は 3

(ii) $\det A = 0$ すなわち階数が 3 未満(階数は 2,1,0 のどれか)

この場合,以下 3 つの場合が考えられる.

(a) $A_1 = 0$ かつ $A_2 \neq 0$

すなわち,$a+b+c = 0$ かつ $a=b=c$ でないとき,$c = -a-b$ なので,

$$\det A = \begin{vmatrix} a & b & -a-b \\ -a-b & a & b \\ b & -a-b & a \end{vmatrix}$$

小行列式 $\begin{vmatrix} a & b \\ -a-b & a \end{vmatrix} = a^2+ab+b^2 = \left(a+\frac{b}{2}\right)^2+\frac{3b^2}{4} \neq 0$ なので,階数は 2

($\because a, b, c$ はすべて同時に 0 にはならない)

(b) $A_1 \neq 0$ かつ $A_2 = 0$

すなわち,$a+b+c \neq 0$ かつ $a=b=c (\neq 0)$ であるとき,$a=b=c=k (\neq 0)$ とおいて,

$$\det A = \begin{vmatrix} k & k & k \\ k & k & k \\ k & k & k \end{vmatrix}, \quad 小行列式 \begin{vmatrix} k & k \\ k & k \end{vmatrix} = 0$$

$k \neq 0$ なので,階数は 1

(c) $A_1 = 0$ かつ $A_2 = 0$

$a+b+c = 0$ かつ $a=b=c$ であるとき,すなわち,$a=b=c=0$ となって,A は零行列

$$\det A = \begin{vmatrix} 0 & 0 & 0 \\ 0 & 0 & 0 \\ 0 & 0 & 0 \end{vmatrix} = 0, \quad 小行列式 \begin{vmatrix} 0 & 0 \\ 0 & 0 \end{vmatrix} = |0| = 0$$

なので,階数は 0

12

◆ 解答・解説

周長 $s = \int_0^{2\pi} \sqrt{\left(\frac{dx}{d\theta}\right)^2 + \left(\frac{dy}{d\theta}\right)^2} d\theta$

第3章 総仕上げレベル

$$= \int_0^{2\pi} \sqrt{a^2\cos^2\theta + b^2\sin^2\theta}\,d\theta = 4\int_0^{\frac{\pi}{2}} \sqrt{a^2 - (a^2-b^2)\sin^2\theta}\,d\theta$$

$$= 4a\int_0^{\frac{\pi}{2}} \sqrt{1 - \frac{(a^2-b^2)\sin^2\theta}{a^2}}\,d\theta = 4a\int_0^{\frac{\pi}{2}} \sqrt{1 - k^2\sin^2\theta}\,d\theta$$

$$\left(k^2 = \frac{a^2-b^2}{a^2}\ \text{とおいた}\right)$$

被積分関数 $\sqrt{1-k^2\sin^2\theta}$ を級数に展開する．

$$(1+x)^m = 1 + \frac{m}{1}x + \frac{m(m-1)}{2!}x^2 + \frac{m(m-1)(m-2)}{3!}x^3 + \cdots$$
$$+ \frac{m(m-1)(m-2)\cdots(m-n+1)}{n!}x^n + \cdots$$

を使って，$x = -k^2\sin^2\theta$, $m = \dfrac{1}{2}$ なので

$$\sqrt{1-k^2\sin^2\theta}$$
$$= 1 - \frac{1}{2}k^2\sin^2\theta - \frac{1}{2\cdot 4}k^4\sin^4\theta - \frac{1\cdot 3}{2\cdot 4\cdot 6}k^6\sin^6\theta - \frac{1\cdot 3\cdot 5}{2\cdot 4\cdot 6\cdot 8}k^8\sin^8\theta - \cdots$$
$$= 1 - \sum_{n=1}^{\infty} \frac{(2n-3)!!}{(2n)!!}k^{2n}\sin^{2n}\theta$$

よって，

$$s = 4a\int_0^{\frac{\pi}{2}} \sqrt{1-k^2\sin^2\theta}\,d\theta$$
$$= 4a\left(\int_0^{\frac{\pi}{2}} d\theta - \frac{1}{2}k^2\int_0^{\frac{\pi}{2}}\sin^2\theta\,d\theta - \frac{1}{2\cdot 4}k^4\int_0^{\frac{\pi}{2}}\sin^4\theta\,d\theta - \frac{1\cdot 3}{2\cdot 4\cdot 6}k^6\int_0^{\frac{\pi}{2}}\sin^6\theta\,d\theta - \cdots\right)$$

ところで，

$$\int_0^{\frac{\pi}{2}}\sin^{2n}\theta\,d\theta = \frac{1\cdot 3\cdot 5\cdot\cdots\cdot(2n-1)}{2\cdot 4\cdot 6\cdot\cdots\cdot 2n}\times\frac{\pi}{2} = \frac{(2n-1)!!}{(2n)!!}\times\frac{\pi}{2}\quad(\text{ウォリスの公式※})\text{ から}$$

$$\int_0^{\frac{\pi}{2}}\sin^2\theta\,d\theta = \frac{\pi}{4},\quad \int_0^{\frac{\pi}{2}}\sin^4\theta\,d\theta = \frac{3\pi}{16},\quad \int_0^{\frac{\pi}{2}}\sin^6\theta\,d\theta = \frac{5\pi}{32},\cdots$$

したがって，

$$s = 4a\int_0^{\frac{\pi}{2}}\sqrt{1-k^2\sin^2\theta}\,d\theta = 4a\left(\frac{\pi}{2} - \frac{1}{2}k^2\cdot\frac{\pi}{4} - \frac{1}{8}k^4\cdot\frac{3\pi}{16} - \frac{1}{16}k^6\cdot\frac{5\pi}{32} - \cdots\right)$$
$$= 2\pi a\left(1 - \frac{1}{4}k^2 - \frac{3}{64}k^4 - \frac{5}{256}k^6 - \cdots\right)$$

が示される．

練習問題解答・解説

◇ **参 考 1**

本問のように，楕円の周長は楕円積分で表され，初等関数では表せない．

$$K(k) = \int_0^{\frac{\pi}{2}} \frac{1}{\sqrt{1-k^2\sin^2\theta}} \, d\theta \text{ を第一種完全楕円積分}$$

$$E(k) = \int_0^{\frac{\pi}{2}} \sqrt{1-k^2\sin^2\theta} \, d\theta \text{ を第二種完全楕円積分}$$

という．本問は $E(k) = \int_0^{\frac{\pi}{2}} \sqrt{1-k^2\sin^2\theta} \, d\theta$ に関係するが，$E(k)$ にウォリスの公式 (※) を用いると，いくつかの表現が可能になる．

$$E(k) = \int_0^{\frac{\pi}{2}} \sqrt{1-k^2\sin^2\theta} \, d\theta = \frac{\pi}{2} - \sum_{n=1}^{\infty} \frac{(2n-3)!!}{(2n)!!} k^{2n} \int_0^{\frac{\pi}{2}} \sin^{2n}\theta \, d\theta$$

$$= \frac{\pi}{2} - \sum_{n=1}^{\infty} \frac{(2n-1)!!}{(2n-1)(2n)!!} k^{2n} \frac{(2n-1)!!}{(2n)!!} \frac{\pi}{2}$$

$$= \frac{\pi}{2} \left[1 - \sum_{n=1}^{\infty} \left\{ \frac{(2n-1)!!}{(2n)!!} \right\}^2 \frac{k^{2n}}{2n-1} \right] = \frac{\pi}{2} \sum_{n=0}^{\infty} \left\{ \frac{(2n-1)!!}{(2n)!!} \right\}^2 \frac{k^{2n}}{1-2n}$$

ただし，$(-1)!! = 1$ とする．

◇ **参 考 2 (※) ウォリス（Wallis）の公式**

$$\int_0^{\frac{\pi}{2}} \sin^{2n}\theta \, d\theta = \int_0^{\frac{\pi}{2}} \cos^{2n}\theta \, d\theta = \frac{1 \cdot 3 \cdot 5 \cdot \cdots \cdot (2n-1)}{2 \cdot 4 \cdot 6 \cdot \cdots \cdot 2n} \times \frac{\pi}{2} = \frac{(2n-1)!!}{(2n)!!} \times \frac{\pi}{2}$$

$$\int_0^{\frac{\pi}{2}} \sin^{2n+1}\theta \, d\theta = \int_0^{\frac{\pi}{2}} \cos^{2n+1}\theta \, d\theta = \frac{2 \cdot 4 \cdot 6 \cdot \cdots \cdot 2n}{1 \cdot 3 \cdot 5 \cdot \cdots \cdot (2n+1)} = \frac{(2n)!!}{(2n+1)!!}$$

13 (1) $\dfrac{n(n+1)(n+2)}{6}$ 個

(2) n が偶数のとき $\dfrac{n(n+2)(2n-1)}{24}$ 個，n が奇数のとき $\dfrac{(n-1)(n+1)(2n+3)}{24}$ 個

(3) n が偶数のとき $\dfrac{n(n+2)(2n+1)}{8}$，n が奇数のとき $\dfrac{(n+1)(2n^2+3n-1)}{8}$

◆ **解 説**

正三角形の和を数えるという題材は珍しくないが，本問は数列計算の醍醐味を味わえる良問である．ここでは，上向き，下向きの三角形をそれぞれ ↑，↓ で表すことにする．
(1) 一辺の長さが n の正三角形の中に，長さの異なる正三角形が含まれているので，一辺の長さごとの正三角形の個数を調べる．

　一辺が 1 の正三角形 ↑ の個数は，$1 + 2 + 3 + \cdots + n = \dfrac{n(n+1)}{2}$

― 144 ―

第3章　総仕上げレベル

一辺が 2 の正三角形 ↑ の個数は，　$1+2+3+\cdots+n-1 = \dfrac{(n-1)n}{2}$

一辺が 3 の正三角形 ↑ の個数は，　$1+2+3+\cdots+n-2 = \dfrac{(n-2)(n-1)}{2}$

$\vdots$

一辺が $n-1$ の正三角形 ↑ の個数は，　$1+2 = 3$

一辺が n の正三角形 ↑ の個数は，　$\dfrac{1\cdot 2}{2}\,(=1)$

よって，これらの正三角形 ↑ の個数を合計すると，

$$\dfrac{n(n+1)}{2} + \dfrac{(n-1)n}{2} + \dfrac{(n-2)(n-1)}{2} + \cdots + \dfrac{2\cdot 3}{2} + \dfrac{1\cdot 2}{2}$$

$$= \sum_{k=1}^{n} \dfrac{k(k+1)}{2} = \dfrac{1}{2}\left\{\dfrac{n(n+1)(2n+1)}{6} + \dfrac{n(n+1)}{2}\right\} = \dfrac{n(n+1)(n+2)}{6}$$

(2) 正三角形 ↓ の個数は，n が偶数か奇数かで異なることに気づくかどうかがポイントである．

(i) n が偶数，すなわち $n = 2m$（m は正の整数）の場合

一辺が 1 の正三角形 ↓ の個数は，　$1+2+\cdots+n-1 = \dfrac{n(n-1)}{2} = \dfrac{2m(2m-1)}{2}$

一辺が 2 の正三角形 ↓ の個数は，　$1+2+3+\cdots+n-3 = \dfrac{(n-2)(n-3)}{2}$

$\hspace{20em} = \dfrac{(2m-2)(2m-3)}{2}$

一辺が 3 の正三角形 ↓ の個数は，　$1+2+\cdots+n-5 = \dfrac{(n-4)(n-5)}{2}$

$\hspace{20em} = \dfrac{(2m-4)(2m-5)}{2}$

$\vdots$

一辺が $m\left(=\dfrac{n}{2}\right)$ の正三角形 ↓ の個数は，　$1\left(=\dfrac{2\cdot 1}{2}\right)$

よって，これらの正三角形 ↓ の個数を合計すると，

$$\dfrac{2m(2m-1)}{2} + \dfrac{(2m-2)(2m-3)}{2} + \dfrac{(2m-4)(2m-5)}{2} + \cdots + \dfrac{2\cdot 1}{2}$$

$$= \sum_{k=1}^{m} \dfrac{2k(2k-1)}{2} = \sum_{k=1}^{m}(2k^2 - k) = \dfrac{2m(m+1)(2m+1)}{6} - \dfrac{m(m+1)}{2}$$

$$= \dfrac{m(m+1)(4m-1)}{6} = \dfrac{n(n+2)(2n-1)}{24} \quad \left(\because m = \dfrac{n}{2}\right)$$

練習問題解答・解説

(ii) n が奇数，すなわち $n = 2m + 1$（m は正の整数）の場合

一辺が 1 の正三角形 ↓ の個数は， $1 + 2 + \cdots + n - 1 = \dfrac{n(n-1)}{2} = \dfrac{(2m+1) \cdot 2m}{2}$

一辺が 2 の正三角形 ↓ の個数は， $1 + 2 + 3 + \cdots + n - 3 = \dfrac{(n-2)(n-3)}{2}$
$$= \dfrac{(2m-1)(2m-2)}{2}$$

一辺が 3 の正三角形 ↓ の個数は， $1 + 2 + \cdots + n - 5 = \dfrac{(n-4)(n-5)}{2}$
$$= \dfrac{(2m-3)(2m-4)}{2}$$

$\vdots$

一辺が $m \left(= \dfrac{n-1}{2}\right)$ の正三角形 ↓ の個数は， $3 \left(= \dfrac{3 \cdot 2}{2}\right)$

よって，これらの正三角形 ↓ の個数の合計は

$$\dfrac{(2m+1) \cdot 2m}{2} + \dfrac{(2m-1)(2m-2)}{2} + \dfrac{(2m-3)(2m-4)}{2} + \cdots + \dfrac{3 \cdot 2}{2}$$

$$= \sum_{k=1}^{m} \dfrac{(2k+1) \cdot 2k}{2} = \sum_{k=1}^{m}(2k^2 + k) = \dfrac{2m(m+1)(2m+1)}{6} + \dfrac{m(m+1)}{2}$$

$$= \dfrac{m(m+1)(4m+5)}{6} = \dfrac{(n-1)(n+1)(2n+3)}{24} \quad \left(\because m = \dfrac{n-1}{2}\right)$$

(3) ここまでできたら，以後は単なる数式の計算である．

◎ n が偶数のとき

$$\dfrac{n(n+2)(2n-1)}{24} + \dfrac{n(n+1)(n+2)}{6} = \dfrac{n(n+2)(2n+1)}{8}$$

◎ n が奇数のとき

$$\dfrac{(n-1)(n+1)(2n+3)}{24} + \dfrac{n(n+1)(n+2)}{6} = \dfrac{(n+1)(2n^2+3n-1)}{8}$$

14 $8x^3 - 6x + 1 = 0$

❖ 解 説

三角関数と 3 次方程式の解と係数の関係がミックスした問題で，とくに三角関数が得意な人は楽しめるだろう．要は，以下の 3 つの値を，三角関数の性質を縦横に駆使していかに求めるかである．

① $\cos 40° + \cos 80° + \cos 160°$

② $\cos 40° \cos 80° + \cos 80° \cos 160° + \cos 40° \cos 160°$

第3章 総仕上げレベル

③ $\cos 40° \cos 80° \cos 160°$

① $\cos 40° + \cos 160° = \cos(100° - 60°) + \cos(100° + 60°) = 2\cos 100° \cos 60°$

$\qquad = 2\cos(180° - 80°) \times \dfrac{1}{2} = -\cos 80°$

すなわち，$\cos 40° + \cos 80° + \cos 160° = 0$ $\qquad\qquad\qquad\qquad\cdots(1)$

② $\cos 40° \cos 80° + \cos 80° \cos 160° = \cos 80°(\cos 40° + \cos 160°)$

$\qquad = \cos 80°(-\cos 80°) \quad (\because ①)$

$\qquad = -\cos^2 80° \qquad\qquad\qquad\qquad\qquad\qquad\qquad\qquad\qquad\cdots(2)$

$\cos 40° \cos 160° = \cos(100° - 60°)\cos(100° + 60°)$

$\qquad = \cos^2 100° \cos^2 60° - \sin^2 100° \sin^2 60° = \dfrac{1}{4}\cos^2 100° - \dfrac{3}{4}(1 - \cos^2 100°)$

$\qquad = \cos^2 100° - \dfrac{3}{4}$

$\qquad = \cos^2 80° - \dfrac{3}{4} \qquad\qquad\qquad\qquad\qquad\qquad\qquad\qquad\cdots(3)$

$(\because \cos 100° = -\cos 80°)$

式 (2) + 式 (3) から

$$\cos 40° \cos 80° + \cos 80° \cos 160° + \cos 40° \cos 160° = -\dfrac{3}{4} \qquad \cdots(4)$$

③ $\sin 40°(\cos 40° \cos 80° \cos 160°) = \dfrac{1}{2}\sin 80° \cos 80° \cos 160°$

$\qquad = \dfrac{1}{4}\sin 160° \cos 160° = \dfrac{1}{8}\sin 320° = \dfrac{1}{8}\sin(360° - 40°) = -\dfrac{1}{8}\sin 40°$

$\sin 40° > 0$ で割って，$\cos 40° \cos 80° \cos 160° = -\dfrac{1}{8} \qquad\qquad\qquad \cdots(5)$

式 (1), (4), (5) から，求める 3 次方程式は

$$x^3 - \dfrac{3}{4}x + \dfrac{1}{8} = 0$$

ただし，この形を解答してはせっかくのいままでの計算も水の泡である．「答えは最高次の係数が正，かつ係数全体の公約数が 1 以外にないように標準化した形で求めなさい」とあるので，

$$8x^3 - 6x + 1 = 0$$

が正解である．

実用数学技能検定 1 級
模擬検定問題解答・解説

〈1 次：計算技能検定〉

問題 1. $a = \dfrac{1}{2}$, $b = -2$, $c = 2$, $d = -2$

◇ **解 説**

$f_1(x) = 2x - 2$, $f_2(x) = ax^3 + bx^2 + cx + d$, $f_3(x) = -2$ とおけば,

$$f_1'(x) = 2, \quad f_2'(x) = 3ax^2 + 2bx + c, \quad f_3'(x) = 0$$

$x = 0$, $x = 2$ で $f(x)$ が連続とは,

$$\lim_{x \to -0} f_1(x) = \lim_{x \to +0} f_2(x), \quad \lim_{x \to 2-0} f_2(x) = \lim_{x \to 2+0} f_3(x) \qquad \cdots (1)$$

$x = 0$, $x = 2$ で $f'(x)$ が連続とは,

$$\lim_{x \to -0} f_1'(x) = \lim_{x \to +0} f_2'(x), \quad \lim_{x \to 2-0} f_2'(x) = \lim_{x \to 2+0} f_3'(x) \qquad \cdots (2)$$

式 (1) から

$$-2 = d$$
$$8a + 4b + 2c + d = -2 \qquad \cdots (3)$$

式 (2) から

$$2 = c$$
$$12a + 4b + c = 0 \qquad \cdots (4)$$

$c = 2$, $d = -2$ を式 (3) に代入して,

$$8a + 4b + 4 - 2 = -2, \quad \text{すなわち} \quad 2a + b = -1$$

$c = 2$ を式 (4) に代入して,

$$12a + 4b = -2, \quad \text{すなわち} \quad 6a + 2b = -1$$

$2a + b = -1$ と $6a + 2b = -1$ から,

$$a = \dfrac{1}{2}, \quad b = -2$$

$f(x)$ を図示すると，図 k.6 のようになる.

1次：計算技能検定

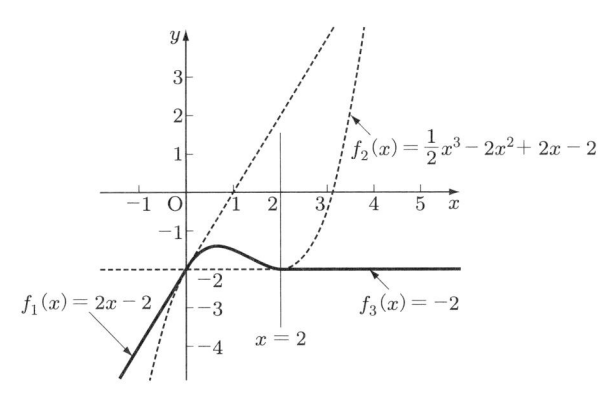

図k.6 $f(x)$ のグラフ

問題2. $x=3$, $y=13$

◈ 解説

$\tan^{-1} x = X$, $\cos^{-1} \dfrac{y}{\sqrt{1+y^2}} = Y$ とおく．

$\tan^{-1} x = X$ より，$\tan X = x$ $\quad\cdots(1)$

$\cos^{-1} \dfrac{y}{\sqrt{1+y^2}} = Y$ より，$\dfrac{y}{\sqrt{1+y^2}} = \cos Y$

$\sin^2 Y = 1 - \cos^2 Y = 1 - \dfrac{y^2}{1+y^2} = \dfrac{1}{1+y^2}$ から，$\sin Y = \pm \dfrac{1}{\sqrt{1+y^2}}$

ここで，$0 < \dfrac{y}{\sqrt{1+y^2}} < 1$ より，$0 < Y \left(= \cos^{-1} \dfrac{y}{\sqrt{1+y^2}}\right) < \dfrac{\pi}{2}$ となって，

$\sin Y > 0$ から，$\sin Y = \dfrac{1}{\sqrt{1+y^2}}$

すなわち，$\tan Y = \dfrac{\sin Y}{\cos Y} = \dfrac{1}{\sqrt{1+y^2}} \cdot \dfrac{\sqrt{1+y^2}}{y} = \dfrac{1}{y}$ $\quad\cdots(2)$

$\tan^{-1} x + \cos^{-1} \dfrac{y}{\sqrt{1+y^2}} = \tan^{-1} 4$ から，$X + Y = \tan^{-1} 4$

$$4 = \tan(X+Y) = \dfrac{\tan X + \tan Y}{1 - \tan X \tan Y} = \dfrac{x + \dfrac{1}{y}}{1 - \dfrac{x}{y}} = \dfrac{xy+1}{y-x} \quad (\because \text{式}(1), (2))$$

すなわち，$\dfrac{xy+1}{y-x} = 4$ となり，

$xy + 4x - 4y = -1$

$(x-4)(y+4) = -17$

模擬検定問題解答・解説

17は素数，また，yは正の整数であるから，$y+4>4$．よって，$x-4=-1$，$y+4=17$だけが条件を満たす．すなわち，$x=3$，$y=13$

問題3. ① $-\dfrac{2}{n}+\dfrac{2}{n+1}+\dfrac{1}{n^2}+\dfrac{1}{(n+1)^2}$ または，$\dfrac{1}{n^2}+\dfrac{1}{(n+1)^2}-2\left(\dfrac{1}{n}-\dfrac{1}{n+1}\right)$

② $\dfrac{\pi^2}{3}-3$

◇解 説

① $\dfrac{1}{n^2(n+1)^2}=\dfrac{A}{n}+\dfrac{B}{n^2}+\dfrac{C}{n+1}+\dfrac{D}{(n+1)^2}$ $\cdots(1)$

と部分分数分解し，定数 A，B，C，D の値を決定する．

式 (1) の右辺の分子は，

$$An(n+1)^2+B(n+1)^2+Cn^2(n+1)+Dn^2$$
$$=(A+C)n^3+(2A+B+C+D)n^2+(A+2B)n+B$$

$A+C=0$，$2A+B+C+D=0$，$A+2B=0$，$B=1$ から

$$A=-2, \quad B=1, \quad C=2, \quad D=1$$

よって，$-\dfrac{2}{n}+\dfrac{2}{n+1}+\dfrac{1}{n^2}+\dfrac{1}{(n+1)^2}$

② $-\dfrac{2}{n}+\dfrac{2}{n+1}+\dfrac{1}{n^2}+\dfrac{1}{(n+1)^2}=\dfrac{1}{n^2}+\dfrac{1}{(n+1)^2}-2\left(\dfrac{1}{n}-\dfrac{1}{n+1}\right)$

と変形できることに気づいてほしい．

$\displaystyle\sum_{n=1}^{\infty}\dfrac{1}{n^2(n+1)^2}=\sum_{n=1}^{\infty}\left\{\dfrac{1}{n^2}+\dfrac{1}{(n+1)^2}\right\}-2\sum_{n=1}^{\infty}\left(\dfrac{1}{n}-\dfrac{1}{n+1}\right)$ から，前半の項 $\displaystyle\sum_{n=1}^{\infty}\left\{\dfrac{1}{n^2}+\dfrac{1}{(n+1)^2}\right\}$ は，$\displaystyle\sum_{n=1}^{\infty}\dfrac{1}{n^2}=\dfrac{\pi^2}{6}$ を利用できそうである．

すなわち，$\displaystyle\sum_{n=1}^{\infty}\dfrac{1}{(n+1)^2}=\sum_{n=1}^{\infty}\dfrac{1}{n^2}-1=\dfrac{\pi^2}{6}-1$ から

$$\sum_{n=1}^{\infty}\dfrac{1}{n^2}+\sum_{n=1}^{\infty}\dfrac{1}{(n+1)^2}=\dfrac{\pi^2}{6}+\dfrac{\pi^2}{6}-1=\dfrac{\pi^2}{3}-1$$

一方，後半の項 $-2\displaystyle\sum_{n=1}^{\infty}\left(\dfrac{1}{n}-\dfrac{1}{n+1}\right)$ は，

$$-2\sum_{k=1}^{n}\left(\dfrac{1}{k}-\dfrac{1}{k+1}\right)=-2\left(\dfrac{1}{1}-\dfrac{\cancel{1}}{\cancel{2}}+\dfrac{\cancel{1}}{\cancel{2}}-\dfrac{\cancel{1}}{\cancel{3}}+\dfrac{\cancel{1}}{\cancel{3}}-\dfrac{\cancel{1}}{\cancel{4}}+\cdots+\dfrac{\cancel{1}}{\cancel{n}}-\dfrac{1}{n+1}\right)$$
$$=-2\left(1-\dfrac{1}{n+1}\right)$$

1次：計算技能検定

となり，$n \to \infty$ で，-2 に近づく．

したがって，$\displaystyle\sum_{n=1}^{\infty} \frac{1}{n^2(n+1)^2} = \frac{\pi^2}{3} - 1 - 2 = \frac{\pi^2}{3} - 3$

問題 4. ① $x^3 - 11x + 2$ 　② $\begin{pmatrix} 0 & -4 & 4 \\ -6 & 6 & 2 \\ 2 & 0 & 0 \end{pmatrix}$

◇解　説

① $xI_3 - A = \begin{pmatrix} x & 0 & 0 \\ 0 & x & 0 \\ 0 & 0 & x \end{pmatrix} - \begin{pmatrix} 1 & 2 & -2 \\ 3 & -2 & -1 \\ -1 & 0 & 1 \end{pmatrix} = \begin{pmatrix} x-1 & -2 & 2 \\ -3 & x+2 & 1 \\ 1 & 0 & x-1 \end{pmatrix}$

$|xI_3 - A| = \begin{vmatrix} x-1 & -2 & 2 \\ -3 & x+2 & 1 \\ 1 & 0 & x-1 \end{vmatrix}$ を計算する．

$$\begin{vmatrix} x-1 & -2 & 2 \\ -3 & x+2 & 1 \\ 1 & 0 & x-1 \end{vmatrix} = (x-1)^2(x+2) - 2 - 2(x+2) - 6(x-1)$$
$$= x^3 - 11x + 2 \qquad \cdots(1)$$

式 (1) は行列 A の固有多項式 $P(x)$ という．
また，ケーリー・ハミルトンの定理から，$P(A) = O$ （O は n 次零行列）が成り立つ．本問では，以下の式が得られる．

$$A^3 - 11A + 2I_3 = O \qquad \cdots(2)$$

②式 (2) から，$A^3 = 11A - 2I_3$
また，
$$A^5 = A^2 A^3 = A^2(11A - 2I_3) = 11A^3 - 2A^2 = 11(11A - 2I_3) - 2A^2$$
$$= 121A - 22I_3 - 2A^2$$

を使って，

$$2A^5 - 23A^3 + 4A^2 + 9A$$
$$= 2(121A - 22I_3 - 2A^2) - 23(11A - 2I_3) + 4A^2 + 9A$$
$$= 242A - 44I_3 - 4A^2 - 253A + 46I_3 + 4A^2 + 9A$$
$$= -2A + 2I_3$$
$$= -2 \times \begin{pmatrix} 1 & 2 & -2 \\ 3 & -2 & -1 \\ -1 & 0 & 1 \end{pmatrix} + 2\begin{pmatrix} 1 & 0 & 0 \\ 0 & 1 & 0 \\ 0 & 0 & 1 \end{pmatrix}$$
$$= \begin{pmatrix} -2 & -4 & 4 \\ -6 & 4 & 2 \\ 2 & 0 & -2 \end{pmatrix} + \begin{pmatrix} 2 & 0 & 0 \\ 0 & 2 & 0 \\ 0 & 0 & 2 \end{pmatrix} = \begin{pmatrix} 0 & -4 & 4 \\ -6 & 6 & 2 \\ 2 & 0 & 0 \end{pmatrix}$$

模擬検定問題解答・解説

> **別　解**
>
> $2A^5 - 23A^3 + 4A^2 + 9A = (A^3 - 11A + 2I_3)(2A^2 - I_3) - 2A + 2I_3$ で，$A^3 - 11A + 2I_3 = O$ から，$2A^5 - 23A^3 + 4A^2 + 9A = -2A + 2I_3$ となるので，
>
> $$2A^5 - 23A^3 + 4A^2 + 9A = -2A + 2I_3 = \begin{pmatrix} 0 & -4 & 4 \\ -6 & 6 & 2 \\ 2 & 0 & 0 \end{pmatrix}$$
>
> が得られる．

問題5. ① $a_n = n\left\{\left(2 + \dfrac{1}{n}\right)^{\frac{1}{n}} - 1\right\}$　　② $\log_e 2$

◇**解　説**

① $\left(1 + \dfrac{a_n}{n}\right)^n = \dfrac{2n+1}{n}$ を漸化式と思い込んで，さてどうしようかと考えてしまうかもしれないが，$\left(1 + \dfrac{a_n}{n}\right)^n = \dfrac{2n+1}{n}$ を a_n について単に解けばよい．

$$1 + \dfrac{a_n}{n} = \left(\dfrac{2n+1}{n}\right)^{\frac{1}{n}}$$

$$\dfrac{a_n}{n} = \left(\dfrac{2n+1}{n}\right)^{\frac{1}{n}} - 1$$

$$a_n = n\left\{\left(2 + \dfrac{1}{n}\right)^{\frac{1}{n}} - 1\right\}$$

② $\displaystyle\lim_{n\to\infty} a_n = \lim_{n\to\infty} n\left\{\left(2 + \dfrac{1}{n}\right)^{\frac{1}{n}} - 1\right\}$

$\dfrac{1}{n} = x$ とおいて，$\displaystyle\lim_{n\to\infty} n\left\{\left(2 + \dfrac{1}{n}\right)^{\frac{1}{n}} - 1\right\} = \lim_{x\to 0} \dfrac{(x+2)^x - 1}{x}$

$x \to 0$ で分子と分母がともに 0 に収束するので，ロピタルの定理を用いて，

$$\lim_{x\to 0} \dfrac{(x+2)^x - 1}{x} = \lim_{x\to 0} \dfrac{\dfrac{d}{dx}(x+2)^x}{1}$$

$$= \lim_{x\to 0}(x+2)^x \log_e(x+2) + \lim_{x\to 0} \dfrac{x(x+2)^x}{x+2} \quad \cdots(※)$$

第2項は 0 に収束して，第1項のみ残る．
すなわち，$\displaystyle\lim_{n\to\infty} a_n = \log_e 2$

1次：計算技能検定

◇ **参　考**(※)

(※) の計算過程を補足する.

$y = (x+2)^x$ で, 両辺の対数 (e を底とする) をとると,

$$\log y = x \log(x+2)$$

両辺を微分すると,

$$\frac{y'}{y} = \log(x+2) + \frac{x}{x+2}$$

$$y' = y\left\{\log(x+2) + \frac{x}{x+2}\right\} = (x+2)^x \left\{\log(x+2) + \frac{x}{x+2}\right\}$$

問題6.　① 8　② $\dfrac{29}{9}$

❖ **解　説**

問題の意味は複雑でないので，短時間に正確に計算することがポイントである．結果を表にまとめると，表 k.2 のようになる．

表 k.2

$X+Y$	6	7	8	9	10	11
$(X+Y)^2$	36	49	64	81	100	121
確率	$\dfrac{1}{3}\left(=\dfrac{1}{6}+\dfrac{1}{6}\right)$	$\dfrac{1}{9}$	$\dfrac{1}{6}$	$\dfrac{1}{9}$	$\dfrac{1}{6}$	$\dfrac{1}{9}$

①平均値（期待値）

$$6 \times \frac{1}{3} + 7 \times \frac{1}{9} + 8 \times \frac{1}{6} + 9 \times \frac{1}{9} + 10 \times \frac{1}{6} + 11 \times \frac{1}{9} = 8$$

②分散は，$(X+Y)^2$ の平均値から①で求めた平均値の 2 乗を引けばよい．

$$36 \times \frac{1}{3} + 49 \times \frac{1}{9} + 64 \times \frac{1}{6} + 81 \times \frac{1}{9} + 100 \times \frac{1}{6} + 121 \times \frac{1}{9} = \frac{605}{9}$$

$$分散 = \frac{605}{9} - 8^2 = \frac{29}{9}$$

◇ **参　考**

問題の意味を正確に把握することが大切である．題意を図示すると，図 k.7 のようになる．

模擬検定問題解答・解説

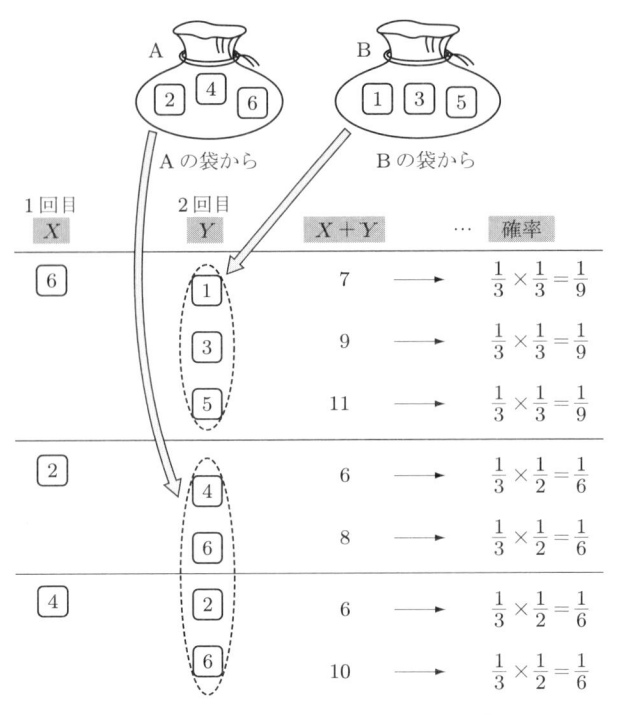

図 k.7 題意の図示

問題 7. ① $\dfrac{1}{2}$ ② $-\dfrac{1}{2}$

◇解 説

一見簡単な計算に思えるが，計算ミスをしやすいので慎重に行う．

① $\displaystyle\int_0^1 dx \int_0^1 \dfrac{x-y}{(x+y)^3}\,dy$ …(※)

まず，$\displaystyle\int_0^1 \dfrac{x-y}{(x+y)^3}\,dy = \int_0^1 \dfrac{x}{(x+y)^3}\,dy - \int_0^1 \dfrac{y}{(x+y)^3}\,dy$ の計算を行う．

第 2 項の積分で，$z = x+y,\ y = z-x$ として，

$$\int_0^1 \dfrac{x-y}{(x+y)^3}\,dy = -\dfrac{1}{2}\left[\dfrac{x}{(x+y)^2}\right]_{y=0}^{y=1} - \int_x^{x+1} \dfrac{z-x}{z^3}\,dz$$

$$= -\dfrac{1}{2}\left[\dfrac{x}{(x+y)^2}\right]_{y=0}^{y=1} - \int_x^{x+1} \dfrac{1}{z^2}\,dz + \int_x^{x+1} \dfrac{x}{z^3}\,dz$$

$$= -\dfrac{x}{2}\left\{\dfrac{1}{(x+1)^2} - \dfrac{1}{x^2}\right\} + \left(\dfrac{1}{x+1} - \dfrac{1}{x}\right) - \dfrac{x}{2}\left\{\dfrac{1}{(x+1)^2} - \dfrac{1}{x^2}\right\}$$

2次：数理技能検定

$$= -x\left\{\frac{1}{(x+1)^2} - \frac{1}{x^2}\right\} + \left(\frac{1}{x+1} - \frac{1}{x}\right)$$

$$= \frac{1}{(x+1)^2}$$

$$\int_0^1 dx \int_0^1 \frac{x-y}{(x+y)^3} dy = \int_0^1 \frac{dx}{(x+1)^2} = \left[-\frac{1}{x+1}\right]_0^1 = -\frac{1}{2} + 1 = \frac{1}{2}$$

② $\int_0^1 dy \int_0^1 \frac{x-y}{(x+y)^3} dx$ ………(※)

$\int_0^1 \frac{x-y}{(x+y)^3} dx$ を①と同様に計算すると，$\int_0^1 \frac{x-y}{(x+y)^3} dx = -\frac{1}{(y+1)^2}$ となって，

$$\int_0^1 dy \int_0^1 \frac{x-y}{(x+y)^3} dx = -\int_0^1 \frac{dy}{(y+1)^2} = \left[\frac{1}{y+1}\right]_0^1 = \frac{1}{2} - 1 = -\frac{1}{2}$$

◆参　考(※)

$\int_0^1 dx \int_0^1 \frac{x-y}{(x+y)^3} dy$ は，$\int_0^1 \int_0^1 \frac{x-y}{(x+y)^3} dy\, dx$ とも表記できる．

同様に，$\int_0^1 dy \int_0^1 \frac{x-y}{(x+y)^3} dx$ は，$\int_0^1 \int_0^1 \frac{x-y}{(x+y)^3} dx\, dy$ とも表記できる．

〈2次：数理技能検定〉
問題1.
(1) $\frac{1}{a} + \frac{1}{b} + \frac{1}{c} = \frac{1}{abc}$ を変形すると，

$$ab + bc + ca = 1 \qquad \cdots(1)$$

このとき，

$$\sqrt{1+a^2}\sqrt{1+b^2} = (a+b)\sqrt{1+c^2} \qquad \cdots(2)$$

を証明するには，(左辺)^2 − (右辺)^2 を計算する．

$$\begin{aligned}
(左辺)^2 - (右辺)^2 &= (1+a^2)(1+b^2) - (a+b)^2(1+c^2) \\
&= 1 + a^2 + b^2 + a^2 b^2 - (a^2 + 2ab + b^2) - (a+b)^2 c^2 \\
&= (1-ab)^2 - (ac+bc)^2 \\
&= (1-ab+bc+ca)(1-ab-bc-ca) = 0 \quad (\because 式(1))
\end{aligned}$$

よって，(左辺)^2 = (右辺)^2．
a, b, c は正の数なので，式(2)の左辺，右辺はともに正の値をとる．
したがって，与えられた等式は成り立つ．

(2) $AB + BC + CA - 2(A+B+C)$
$= (A-1)(B-1) + (B-1)(C-1) + (C-1)(A-1) - 3$

模擬検定問題解答・解説

$$
\begin{aligned}
&= (\sqrt{1+a^2}-a)(\sqrt{1+b^2}-b) + (\sqrt{1+b^2}-b)(\sqrt{1+c^2}-c) \\
&\quad + (\sqrt{1+c^2}-c)(\sqrt{1+a^2}-a) - 3 \\
&= \sqrt{1+a^2}\sqrt{1+b^2} + \sqrt{1+b^2}\sqrt{1+c^2} + \sqrt{1+c^2}\sqrt{1+a^2} \\
&\quad - (b+c)\sqrt{1+a^2} - (c+a)\sqrt{1+b^2} - (a+b)\sqrt{1+c^2} + ab + bc + ca - 3 \quad \cdots(3)
\end{aligned}
$$

(1) で証明した $\sqrt{1+a^2}\sqrt{1+b^2} = (a+b)\sqrt{1+c^2}$, および, $\sqrt{1+b^2}\sqrt{1+c^2} = (b+c)\sqrt{1+a^2}$, $\sqrt{1+c^2}\sqrt{1+a^2} = (c+a)\sqrt{1+b^2}$ を利用すると, 式 (3) は $ab+bc+ca-3$ になる.

したがって,

$$
\begin{aligned}
AB + BC + CA - 2(A+B+C) &= ab + bc + ca - 3 = 1 - 3 \quad (\because 式(1)) \\
&= -2
\end{aligned}
$$

(答) -2

問題 2.

(1) 半角の公式より,

$$
\cos 15° = \frac{\sqrt{3}+1}{2\sqrt{2}}, \quad \sin 15° = \frac{\sqrt{3}-1}{2\sqrt{2}} \quad \cdots(※)
$$

である. さらに半角の公式から,

$$
\begin{aligned}
\cot 7.5° &= \frac{\cos 7.5°}{\sin 7.5°} = \sqrt{\frac{1+\cos 15°}{1-\cos 15°}} = \frac{1+\cos 15°}{\sin 15°} = \frac{\sqrt{3}+1+2\sqrt{2}}{2\sqrt{2}} \times \frac{2\sqrt{2}}{\sqrt{3}-1} \\
&= \frac{2\sqrt{2}+\sqrt{3}+1}{\sqrt{3}-1} = \frac{1}{2}(2\sqrt{2}+\sqrt{3}+1)(\sqrt{3}+1) \\
&= \sqrt{6}+\sqrt{3}+\sqrt{2}+2 = \sqrt{6}+\sqrt{4}+\sqrt{3}+\sqrt{2}
\end{aligned}
$$

(2) (1) の結果を用いると,

$$
\begin{aligned}
(\sqrt{6}+\sqrt{4}+\sqrt{3}+\sqrt{2}+i)^{12} &= (\cot 7.5° + i)^{12} = \left(\frac{\cos 7.5°}{\sin 7.5°} + i\right)^{12} \\
&= \frac{(\cos 7.5° + i \sin 7.5°)^{12}}{\sin^{12} 7.5°} = \frac{\cos(7.5° \times 12) + i \sin(7.5° \times 12)}{\sin^{12} 7.5°}
\end{aligned}
$$

(ド・モアブルの定理より)

$$
= \frac{\cos 90° + i \sin 90°}{\sin^{12} 7.5°} = \frac{i}{\sin^{12} 7.5°} \quad \cdots(1)
$$

ここで, 半角の公式より,

$$
\sin^2 7.5° = \frac{1-\cos 15°}{2} = \frac{1-\dfrac{\sqrt{3}+1}{2\sqrt{2}}}{2} = \frac{2\sqrt{2}-\sqrt{3}-1}{4\sqrt{2}}
$$

したがって，式 (1) $= \dfrac{2^{15}}{(2\sqrt{2}-\sqrt{3}-1)^6} i$ である．

(答) $\dfrac{2^{15}}{(2\sqrt{2}-\sqrt{3}-1)^6} i$

◇ 参 考 (※)

図 k.8 を利用しても求められる．

$\mathrm{BC} = 2+\sqrt{3}$

$\mathrm{AB} = \sqrt{\mathrm{BC}^2+\mathrm{AC}^2} = \sqrt{(2+\sqrt{3})^2+1^2} = \sqrt{8+4\sqrt{3}} = \sqrt{6}+\sqrt{2} = \sqrt{2}(\sqrt{3}+1)$

$\sin 15° = \dfrac{\mathrm{AC}}{\mathrm{AB}} = \dfrac{1}{\sqrt{2}(\sqrt{3}+1)} = \dfrac{\sqrt{3}-1}{2\sqrt{2}}$

$\cos 15° = \dfrac{\mathrm{BC}}{\mathrm{AB}} = \dfrac{2+\sqrt{3}}{\sqrt{2}(\sqrt{3}+1)} = \dfrac{\sqrt{3}+1}{2\sqrt{2}}$

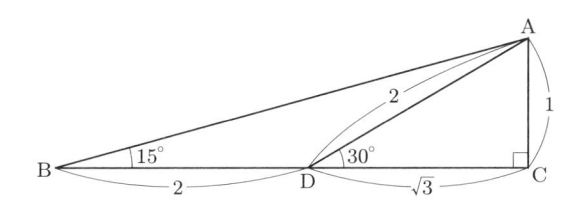

図 k.8　図による $\sin 15°$，$\cos 15°$ の求め方

問題 3.

(1) $\{a_n\}$ の階差数列を $\{b_n\}$ とすると，$\{b_n\}$ は

$$1,\ 2,\ 1,\ 2,\ 1,\ 2,\ldots$$

すなわち，

$$b_n = \dfrac{1}{2}\{3+(-1)^n\}$$

これを用いて a_n（$n \geqq 2$）を求めると，

$$a_n = a_1 + \sum_{k=1}^{n-1} b_k = 1 + \dfrac{3}{2}(n-1) - \dfrac{1}{2}\cdot\dfrac{1-(-1)^{n-1}}{1-(-1)} = \dfrac{3n-1}{2} - \dfrac{1}{4}\cdot\{1-(-1)^{n-1}\}$$

$$= \dfrac{3}{4}(2n-1) + \dfrac{1}{4}(-1)^{n-1}$$

$n=1$ のとき

$$\dfrac{3}{4}(2\times 1-1) + \dfrac{1}{4}(-1)^0 = 1$$

模擬検定問題解答・解説

となって $n=1$ のときも成り立つ．

(答) $\dfrac{3}{4}(2n-1)+\dfrac{1}{4}(-1)^{n-1}$

(2) (1) で求めた a_n から，$a_n{}^2$ を計算する．

$$a_n{}^2 = \dfrac{9}{16}(2n-1)^2 + \dfrac{3}{8}(2n-1)(-1)^{n-1} + \dfrac{1}{16}$$
$$= \left(\dfrac{9}{4}n^2 - \dfrac{9}{4}n + \dfrac{5}{8}\right) + \dfrac{3}{8}(2n-1)(-1)^{n-1} = A_n + B_n$$

とおく．ただし，$A_n = \dfrac{9}{4}n^2 - \dfrac{9}{4}n + \dfrac{5}{8}$，$B_n = \dfrac{3}{8}(2n-1)(-1)^{n-1}$ である．

$$\sum_{k=1}^n A_k = \dfrac{9}{4}\cdot\dfrac{n(n+1)(2n+1)}{6} - \dfrac{9}{4}\cdot\dfrac{n(n+1)}{2} + \dfrac{5}{8}n = \dfrac{1}{8}n(6n^2-1)$$
$$\sum_{k=1}^n B_k = \dfrac{3}{8}n(-1)^{n+1} \qquad \cdots(\text{※})$$

となるので，

$$S_n = \dfrac{1}{8}n\{6n^2 - 1 + 3\cdot(-1)^{n-1}\}$$

以下，$S_n = 1651\ (=13\times 127)$ となる n を求める．n が偶数か奇数かの 2 つの場合を考える．

(i) n が偶数の場合

$S_n = \dfrac{1}{8}n(6n^2 - 1 - 3) = \dfrac{1}{4}n(3n^2 - 2)$ であるから，n の満たすべき等式は

$$4 \times 13 \times 127 = n(3n^2 - 2) \qquad \cdots(1)$$

$n \geqq 2$ より $n < 3n^2 - 2$．また，n と $3n^2 - 2$ はいずれも偶数であるから，式 (1) を満たす n は $2\ (=2\times 1)$，$26\ (=2\times 13)$ のいずれかに限られるが，

$$3\cdot 2^2 - 2 = 10 \neq 3302\ (=2\times 13\times 127)$$
$$3\cdot 26^2 - 2 = 2026 \neq 254\ (=2\times 127)$$

より，これらはいずれも式 (1) を満たさない．すなわち，n は偶数でない．

(ii) n が奇数の場合

$$S_n = \dfrac{1}{8}n(6n^2 - 1 + 3) = \dfrac{1}{4}n(3n^2 + 1)$$

n の満たすべき等式は

$$4 \times 13 \times 127 = n(3n^2 + 1) \qquad \cdots(2)$$

$n < 3n^2 + 1$ より，これを満たす n は 13 に限られるが，

$$3\cdot 13^2 + 1 = 508\ (=4\times 127)$$

より，実際に $n=13$ は式 (2) を満たすことがわかる．
(答) $n=13$

◇ **参 考** (※)

(※) の求め方を補足する．

$$\sum_{k=1}^{n} B_k = \sum_{k=1}^{n} \frac{3}{8}(2k-1)(-1)^{k-1}$$
$$= \frac{3}{8}\{1 + 3(-1) + 5(-1)^2 + 7(-1)^3 + \cdots + (2n-1)(-1)^{n-1}\} \quad \cdots(3)$$

式 (3) の両辺に (-1) をかけて，

$$(-1)\sum_{k=1}^{n} B_k = \frac{3}{8}\{1(-1) + 3(-1)^2 + 5(-1)^3 + \cdots$$
$$+ (2n-3)(-1)^{n-1} + (2n-1)(-1)^n\} \quad \cdots(4)$$

式 (3) − 式 (4) を求めると，

$$2\sum_{k=1}^{n} B_k = \frac{3}{8}\{1 + 2(-1) + 2(-1)^2 + 2(-1)^3 + \cdots + 2(-1)^{n-1} - (2n-1)(-1)^n\}$$
$$= \frac{3}{8}\left\{1 + 2 \cdot \frac{(-1)\{1-(-1)^{n-1}\}}{1-(-1)} + (2n-1)(-1)^{n+1}\right\}$$
$$= \frac{3}{8}\{1 - 1 + (-1)^{n+1} + (2n-1)(-1)^{n+1}\} = \frac{3}{4}n(-1)^{n+1}$$

よって，

$$\sum_{k=1}^{n} B_k = \frac{3}{8}n(-1)^{n+1}$$

が得られる．

問題 4.

$\alpha = a_1 + a_2 i$，$\beta = b_1 + b_2 i$，$\gamma = c_1 + c_2 i$ とおく．ただし，a_1, a_2, b_1, b_2, c_1, c_2 はすべて実数，i は虚数単位である．

このとき，$\triangle\mathrm{ABC}$ の面積 S について，

$$2S = \begin{vmatrix} a_1 & a_2 & 1 \\ b_1 & b_2 & 1 \\ c_1 & c_2 & 1 \end{vmatrix} \quad \text{または，} \quad 2S = -\begin{vmatrix} a_1 & a_2 & 1 \\ b_1 & b_2 & 1 \\ c_1 & c_2 & 1 \end{vmatrix}$$

と表される．ここで，行列式 $\begin{vmatrix} a_1 & a_2 & 1 \\ b_1 & b_2 & 1 \\ c_1 & c_2 & 1 \end{vmatrix}$ を以下のように変形する．

模擬検定問題解答・解説

$$\begin{vmatrix} a_1 & a_2 & 1 \\ b_1 & b_2 & 1 \\ c_1 & c_2 & 1 \end{vmatrix} = \begin{vmatrix} a_1 + a_2 i & a_2 & 1 \\ b_1 + b_2 i & b_2 & 1 \\ c_1 + c_2 i & c_2 & 1 \end{vmatrix} = \begin{vmatrix} a_1 + a_2 i & a_2 + \dfrac{i}{2}(a_1 + a_2 i) & 1 \\ b_1 + b_2 i & b_2 + \dfrac{i}{2}(b_1 + b_2 i) & 1 \\ c_1 + c_2 i & c_2 + \dfrac{i}{2}(c_1 + c_2 i) & 1 \end{vmatrix}$$

$$= \begin{vmatrix} \alpha & \dfrac{i}{2}\overline{\alpha} & 1 \\ \beta & \dfrac{i}{2}\overline{\beta} & 1 \\ \gamma & \dfrac{i}{2}\overline{\gamma} & 1 \end{vmatrix} = \dfrac{i}{2}\begin{vmatrix} \alpha & \overline{\alpha} & 1 \\ \beta & \overline{\beta} & 1 \\ \gamma & \overline{\gamma} & 1 \end{vmatrix}$$

ただし，$\overline{\alpha}, \overline{\beta}, \overline{\gamma}$ はそれぞれ，α, β, γ の共役複素数である．
$\alpha + \beta + \gamma = 0, \ \overline{\alpha} + \overline{\beta} + \overline{\gamma} = 0$ より，

$$2S = \begin{vmatrix} a_1 & a_2 & 1 \\ b_1 & b_2 & 1 \\ c_1 & c_2 & 1 \end{vmatrix} = \dfrac{i}{2}\begin{vmatrix} \alpha & \overline{\alpha} & 1 \\ \beta & \overline{\beta} & 1 \\ \gamma & \overline{\gamma} & 1 \end{vmatrix}$$

であるから，

$$(4S)^2 = i\begin{vmatrix} \alpha & \overline{\alpha} & 1 \\ \beta & \overline{\beta} & 1 \\ \gamma & \overline{\gamma} & 1 \end{vmatrix} \times (-i)\begin{vmatrix} \overline{\alpha} & \overline{\beta} & \overline{\gamma} \\ \alpha & \beta & \gamma \\ 1 & 1 & 1 \end{vmatrix}$$

$$= \begin{vmatrix} |\alpha|^2 + |\beta|^2 + |\gamma|^2 & \overline{\alpha}^2 + \overline{\beta}^2 + \overline{\gamma}^2 & \overline{\alpha} + \overline{\beta} + \overline{\gamma} \\ \alpha^2 + \beta^2 + \gamma^2 & |\alpha|^2 + |\beta|^2 + |\gamma|^2 & \alpha + \beta + \gamma \\ \overline{\alpha} + \overline{\beta} + \overline{\gamma} & \alpha + \beta + \gamma & 3 \end{vmatrix}$$

$$= \begin{vmatrix} |\alpha|^2 + |\beta|^2 + |\gamma|^2 & \overline{\alpha}^2 + \overline{\beta}^2 + \overline{\gamma}^2 & 0 \\ \alpha^2 + \beta^2 + \gamma^2 & |\alpha|^2 + |\beta|^2 + |\gamma|^2 & 0 \\ 0 & 0 & 3 \end{vmatrix}$$

$$= 3\{(|\alpha|^2 + |\beta|^2 + |\gamma|^2)^2 - (\alpha^2 + \beta^2 + \gamma^2)(\overline{\alpha}^2 + \overline{\beta}^2 + \overline{\gamma}^2)\}$$

$$= 3\{(|\alpha|^2 + |\beta|^2 + |\gamma|^2)^2 - |\alpha^2 + \beta^2 + \gamma^2|^2\}$$

よって，$\dfrac{(4S)^2}{3} = (|\alpha|^2 + |\beta|^2 + |\gamma|^2)^2 - |\alpha^2 + \beta^2 + \gamma^2|^2$ が成り立つ．

問題5.

(1) x を y の関数と考えると，$y\dfrac{dx}{dy} + (x + \varepsilon y) = 0$, $y\dfrac{dx}{dy} + x = \dfrac{d(xy)}{dy}$ より，$z = xy$ とおけば，$\dfrac{dz}{dy} = -\varepsilon y$ が成り立つ．これより，

$$z = -\dfrac{\varepsilon}{2}y^2 + C \qquad\qquad\qquad \cdots (1)$$

初期条件：$x=1$ のとき $y=1$，すなわち $z=xy=1$ であることから，
$$1 = -\frac{\varepsilon}{2} + C, \quad \text{すなわち} \quad C = 1 + \frac{\varepsilon}{2}$$
したがって，式 (1) に代入して，
$$z = -\frac{\varepsilon}{2}y^2 + 1 + \frac{\varepsilon}{2}$$
$$2z = -\varepsilon y^2 + 2 + \varepsilon$$
$$2xy = -\varepsilon y^2 + 2 + \varepsilon \qquad \cdots(2)$$

よって，求める微分方程式の解は，
$$x = -\frac{\varepsilon y}{2} + \frac{2+\varepsilon}{2y}$$

（答）$x = -\dfrac{\varepsilon y}{2} + \dfrac{2+\varepsilon}{2y}$

(2) 式 (2) の等式を変形して，
$$\varepsilon y^2 + 2xy - (2+\varepsilon) = 0$$
これを y の 2 次方程式として解くと，
$$y = \frac{-x \pm \sqrt{x^2 + \varepsilon(2+\varepsilon)}}{\varepsilon} \qquad \cdots(3)$$

式 (3) で，$x=1$ のとき $y=1$ かつ $\varepsilon>0$ だから，
$$1 = \frac{-1 \pm \sqrt{1+\varepsilon(2+\varepsilon)}}{\varepsilon} = \frac{-1 \pm \sqrt{\varepsilon^2+2\varepsilon+1}}{\varepsilon}$$
$$= \frac{-1 \pm \sqrt{(\varepsilon+1)^2}}{\varepsilon} = \frac{-1 \pm (\varepsilon+1)}{\varepsilon} \qquad \cdots(4)$$

式 (4) で符号が負の場合，$\varepsilon = -1-(\varepsilon+1)$ から，$2\varepsilon=-2$, すなわち $\varepsilon=-1$ となって不適．よって，式 (3) は，複号のうち正の符号だけを考えればよい．すなわち，
$$y = \frac{-x + \sqrt{x^2 + \varepsilon(2+\varepsilon)}}{\varepsilon}$$

したがって，
$$\lim_{x \to 0} y(x) = \lim_{x \to 0} \frac{-x + \sqrt{x^2 + \varepsilon(2+\varepsilon)}}{\varepsilon} = \sqrt{\frac{\varepsilon+2}{\varepsilon}}$$

よって，極限値は存在し，その値は $\sqrt{\dfrac{\varepsilon+2}{\varepsilon}}$ である．

（答）$\sqrt{\dfrac{\varepsilon+2}{\varepsilon}}$

模擬検定問題解答・解説

問題6.

(1) 第1列で展開すると，

$$\Delta_n = (1+x^2) \times \Delta_{n-1} - x \times \begin{vmatrix} x & 0 & 0 & \cdots\cdots & 0 \\ x & 1+x^2 & x & \cdots\cdots & 0 \\ 0 & x & 1+x^2 & \cdots\cdots & 0 \\ \multicolumn{5}{c}{\cdots\cdots\cdots\cdots\cdots\cdots\cdots\cdots\cdots\cdots} \\ 0 & \cdots\cdots\cdots & x & & 1+x^2 \end{vmatrix}$$

さらに，第1行で展開すると，

$$\Delta_n = (1+x^2)\Delta_{n-1} - x^2 \Delta_{n-2} \quad (n \geqq 3)$$

また，

$$\Delta_1 = 1 + x^2$$
$$\Delta_2 = \begin{vmatrix} 1+x^2 & x \\ x & 1+x^2 \end{vmatrix} = (1+x^2)^2 - x^2 = 1 + x^2 + x^4 = 1 + x^2(1+x^2) = 1 + x^2 \Delta_1$$

(2) $\Delta_n = (1+x^2)\Delta_{n-1} - x^2 \Delta_{n-2}$

$\Delta_{n-1} = (1+x^2)\Delta_{n-2} - x^2 \Delta_{n-3}$

$$\vdots$$

$\Delta_3 = (1+x^2)\Delta_2 - x^2 \Delta_1$

左辺，右辺どうしを足して，

$$\Delta_n + \Delta_{n-1} + \cdots + \Delta_3$$
$$= (1+x^2)(\Delta_{n-1} + \Delta_{n-2} + \cdots + \Delta_2) - x^2(\Delta_{n-2} + \Delta_{n-3} + \cdots + \Delta_1) \quad \cdots(1)$$

$\Delta_{n-1} + \Delta_{n-2} + \cdots + \Delta_3 = X$ とおけば，式(1)は

$$\Delta_n + X = (1+x^2)(X + \Delta_2) - x^2(-\Delta_{n-1} + X + \Delta_2 + \Delta_1)$$

これを整理して，

$$\Delta_n = \Delta_2 + x^2(\Delta_{n-1} - \Delta_1) \qquad \cdots(2)$$

式(2)に $\Delta_2 = 1 + x^2 \Delta_1$ を代入すると，

$$\Delta_n = x^2 \Delta_{n-1} + 1$$

これより，

$$\Delta_n = x^2 \Delta_{n-1} + 1, \quad \Delta_{n-1} = x^2 \Delta_{n-2} + 1, \quad \ldots, \quad \Delta_2 = x^2 \Delta_1 + 1$$

したがって，

$$\Delta_n = 1 + x^2 + x^4 + \cdots + x^{2n-6} + x^{2n-2}\Delta_1 + x^{2n-4}$$
$$= 1 + x^2 + x^4 + \cdots + x^{2n-6} + x^{2n-2}(1+x^2) + x^{2n-4}$$
$$= 1 + x^2 + x^4 + \cdots + x^{2n-6} + x^{2n-4} + x^{2n-2} + x^{2n}$$

$$= \sum_{k=0}^{n} x^{2k} = \frac{1-x^{2n+2}}{1-x^2}$$

(答) $\Delta_n = \dfrac{1-x^{2n+2}}{1-x^2}$

問題7.

z 軸の正の方向から見ると，図 k.9 のようになる．

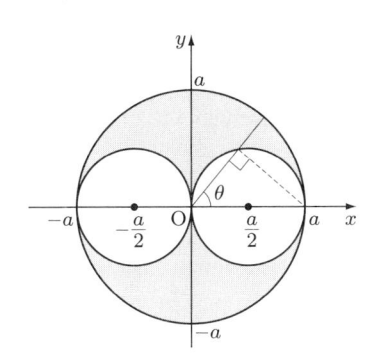

図 k.9　2 個の直円柱体に切り取られた半球面

球面の方程式は $z = \sqrt{a^2-x^2-y^2}$ $(a \geqq 0)$ であるから，

$$\frac{\partial z}{\partial x} = \frac{-x}{\sqrt{a^2-x^2-y^2}}, \quad \frac{\partial z}{\partial y} = \frac{-y}{\sqrt{a^2-x^2-y^2}}$$

したがって，球面の面素は

$$\sqrt{1+\left(\frac{\partial z}{\partial x}\right)^2+\left(\frac{\partial z}{\partial y}\right)^2} = \frac{a}{\sqrt{a^2-x^2-y^2}} = \frac{a}{\sqrt{a^2-r^2}}$$

となる．

次に，この積分を実行するために，極座標表示に変換する．

外側の大きい円の極方程式は，$r = a$

内側の小さい円の極方程式は，

右側：$r = a\cos\theta$,　左側：$r = -a\cos\theta = a|\cos\theta|$

であり，求める面積は $0 \leqq \theta \leqq \pi$, $a|\cos\theta| \leqq r \leqq a$ と変化するときの面積を 2 倍すればよい．

したがって，求める面積は

$$2\int_{\theta=0}^{\pi}\left(\int_{r=a|\cos\theta|}^{r=a} \frac{a}{\sqrt{a^2-r^2}}\, r\, dr\right)d\theta = 2a\int_{\theta=0}^{\pi}\left[-\sqrt{a^2-r^2}\right]_{r=a|\cos\theta|}^{r=a} d\theta$$

$$= 2a\int_0^{\pi} a|\sin\theta|\, d\theta = 2a^2\int_0^{\pi} \sin\theta\, d\theta = 2a^2\left[-\cos\theta\right]_0^{\pi} = 4a^2$$

(答) $4a^2$

「数学検定」1級の概要 (協会の資料より引用)

① 実用数学技能検定（数学検定）は，数学の実用的な技能（計算・作図・表現・測定・整理・統計・証明）を測る検定で，財団法人日本数学検定協会が実施している全国レベルの実力・絶対評価システムです．
② 数学検定1級には計算技能を観る「1次：計算技能検定」と数理応用技能を観る「2次：数理技能検定」があります．1次も2次も同じ日に行います．初めて受検するときは，1次・2次両方を受検します．なお，同一検定日に，複数の階級を受けることはできません．

■数学検定1級の概要

	目安となる程度	検定時間	出題	検定料
1級	大学程度・一般	1次：60分 2次：120分	1次：7問，2次：2題必須・5題より2題選択	5,000円

■合格基準

1次：計算技能検定は全問題の70%程度，2次：数理技能検定は全問題の60%程度です．

■受検資格

原則として受検資格は問いません．ただし，時代の要請や学習環境の変化などにより，当財団が必要と認めるときはこの限りではありません．

受検申し込み方法

受検の申し込みには団体受検と個人受検があります．1級は団体受検ができません．個人受検でのみ受検することができます．詳しくは数学検定のホームページ（http://www.su-gaku.net/）をご覧ください．

個人受検は1年に3回，全国の会場で実施されます．検定日は，数学検定ホームページでご確認ください．個人受検のお申し込みは，次のいずれかの方法で行います．

1. インターネットでお申し込み

パソコンを利用して，ホームページからお申し込みができます．インターネットに接続できる環境が必要です．

2. 携帯電話でお申し込み

携帯電話で以下のアドレスからお申し込みができます．

http://www.su-gaku.net/keitai/index.php （パケット通信料がかかります．）

3. コンビニエンスストアの各情報端末でお申し込み

お申し込みができるコンビニエンスストアと端末は，以下のとおりです．
セブンイレブン「マルチコピー機」，ローソン「Loppi」，ファミリーマート「Famiポート」，サークルKサンクス「カルワザステーション」

4. 書店でお申し込み
実用数学技能検定の取扱書店から申し込むことができます．書店に置かれているパンフレットの手順にしたがってお申し込みください．

※お申し込み後のキャンセルやご返金，繰り越し，階級の変更，受検地域の変更などはできません．
※書店でのお申し込みは，検定日により申し込みの取り扱いがない場合がございます．

■実用数学技能検定（数学検定）取得のメリット

1. 高等学校卒業程度認定試験の必須科目「数学」が試験免除
文部科学省が行う「高等学校卒業程度認定試験」（旧「大検」）の必須科目「数学」が試験免除になります（2級以上）．
※高等学校卒業程度認定試験で実用数学技能検定の合格を証明する場合は，「合格証明書」が必要となります．

2. 数学検定取得者入試優遇制度
大学・短期大学・高等専門学校・高等学校・中学校などの一般・推薦入試における各優遇措置があります．学校によって優遇の内容が異なりますので，ご注意ください．

3. 単位認定制度
大学・高等専門学校・高等学校などで，数学検定を単位認定としている学校があります．

4. 合格者登録制度
当財団では，数学検定の合格者を積極的にサポートするため，希望する方をホームページに登録・公開しております（2級以上）．

5. 実用数学技能検定グランプリ
実用数学技能検定グランプリは，積極的に算数・数学の学習に取り組んでいる団体・個人の努力を称え，さらに今後の指導・学習の励みとする目的で，とくに成績優秀な団体および個人を表彰する制度です．毎年，数学検定を受検された団体・個人からそれぞれ選考されます．

6. 合格体験記＆自作問題募集
合格体験記として，受検した感想を募集しています．2級以上の合格者であれば，検定問題や当財団発行の情報誌・ホームページなどで掲載される，クイズやパズルを作ることができます．自作問題をどしどしご応募ください．

「数学検定」1級の学習・合格のための
参考書リスト

　「数学検定」1級を学習し，受検を考えている読者のために，著者が実際に「数学検定」1級合格を目指して学習し合格した際使用した参考書・問題集，また本書を執筆する際に参考にした書籍を紹介する．大学で数学を専攻した人，数学科以外の理工学系の人，文系の人によって学習方法は異なってくるだろうが，参考になれば幸いである．

　「数学検定」1級では微分・積分を核とする「解析学」，行列・ベクトル空間の「線形代数学」の2本柱をしっかりと時間をかけて学習していただきたい．あわせて，「統計学」，「整数論」も学習すれば十分かと思われる．

　書籍の番号は図r.1に掲載されている書籍の番号に符合する．

〈高校数学〉
　1級合格を目指すには，高校数学を確実にマスターしていることが必須である．弱点がわかった段階で，その内容が書かれている参考書などを確実に見直すようにしよう．また，高校数学の概要を必要に応じて確認するには，①，②が適当であろう．

　①「高校数学　公式活用事典」旺文社，本部　均　監修／岩瀬重雄　著
　②「モノグラフ　公式集」科学新興新社，矢野健太郎　監修／春日正文　編

〈1級レベル〉
　③「科学技術者のための基礎数学」裳華房，矢野健太郎，石原　繁　著
　④「工学系の基礎数学」彰国社，磯　祐介　他著
　⑤「解析学」学術図書出版社，水野克彦　編
　⑥「解析学概論」裳華房，矢野健太郎，石原　繁　著
　⑦「解析演習」東京大学出版会，杉浦光夫　他著
　⑧「詳解　大学院への数学」東京図書，東京図書編集部　編
　⑨「線形代数学」日本評論社，川久保勝夫　著
　⑩「線型代数演習」東京大学出版会，齋藤正彦　著
　⑪「基本統計学」産業図書，本田　勝，石田　崇　著
　⑫「工科系のための初等整数論入門」培風館，楫　元　著

⑬「数論入門」岩波書店，山本芳彦 著
⑭「数学公式集」共立出版，小林幹雄 他 共編
⑮「数学公式 I, II, III」岩波書店，森口繁一 他 著

	高校数学	1級レベル（大学程度）		
		ウォーミングアップレベル	実践力養成レベル	総仕上げレベル
＜解析学＞	微分・積分	⑤解析学	⑥解析学概論 ⑦解析演習	
＜線形代数＞	行列(2行2列)	③科学技術者のための基礎数学 ④工学系の基礎数学 ⑨線形代数学	⑧大学院への数学 ⑩線型代数演習	
＜統計学＞		⑪基本統計学		
＜整数論＞	順列・組合せ	⑫初等整数論入門	⑬数論入門	
＜公式集ほか＞	①高校数学　公式活用事典 ②モノグラフ　公式集ほか	⑭数学公式集 ⑮数学公式 I, II, III		

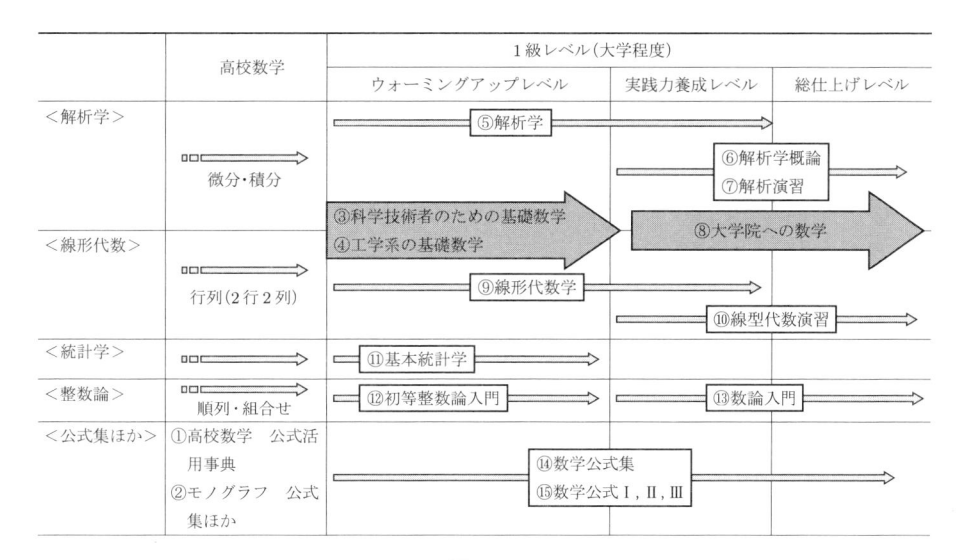

図 r.1

著　者　略　歴
中村　力（なかむら・ちから）
　　北海道大学大学院理学研究科修了
　　JFE スチール (株) などを経て，財団法人 日本数学検定協会に勤務
　　現在に至る

財団法人 日本数学検定協会
〒110-0005　東京都台東区上野 5-1-1
TEL：03(5812)8340
FAX：03(5812)8346
ホームページ http://www.su-gaku.net/

編集担当	上村紗帆(森北出版)
編集責任	石田昇司(森北出版)
組　　版	ブレイン
印　　刷	ワコープラネット
製　　本	ブックアート

ためせ実力！めざせ1級！
数学検定1級実践演習　　　　　　　　　　Ⓒ 中村　力　2012
2012 年 2 月 27 日　第 1 版第 1 刷発行　【本書の無断転載を禁ず】

監　　修　財団法人 日本数学検定協会
著　　者　中村　力
発行者　森北博巳
発行所　森北出版株式会社
　　　東京都千代田区富士見 1-4-11（〒102-0071）
　　　電話 03-3265-8341／FAX 03-3264-8709
　　　http://www.morikita.co.jp/
　　　日本書籍出版協会・自然科学書協会・工学書協会　会員
　　　JCOPY　＜(社)出版者著作権管理機構 委託出版物＞

落丁・乱丁本はお取替えいたします．

Printed in Japan／ISBN978-4-627-04881-2